岭南文化知识书系

岭南文库编辑委员会　　合编
广东中华民族文化促进会

粤　菜

王　亮 著

南方出版传媒
广东人民出版社
·广州·

图书在版编目（CIP）数据

粤菜 / 王亮著. — 广州：广东人民出版社，2021.12
（岭南文化知识书系）
ISBN 978-7-218-15364-3

Ⅰ.①粤… Ⅱ.①王… Ⅲ.①粤菜—菜谱 Ⅳ.①TS972.182.65

中国版本图书馆 CIP 数据核字（2021）第 223608 号

Yuecai
粤菜　　王亮 著

出 版 人：肖风华

责任编辑：谢　尚
装帧设计：邦　邦
责任技编：吴彦斌　周星奎

出版发行　广东人民出版社
地　　址：广州市海珠区新港西路 204 号 2 号楼（邮政编码：510300）
电　　话：（020）85716809（总编室）
传　　真：（020）85716872
网　　址：http://www.gdpph.com
印　　刷：佛山市迎高彩印有限公司
开　　本：889mm×1194mm　1/32
印　　张：3.625　　插　页：1　字　数：57 千
版　　次：2021 年 12 月第 1 版
印　　次：2021 年 12 月第 1 次印刷
定　　价：25.00 元

如发现印装质量问题，影响阅读，请与出版社（020-85716808）联系调换。
售书热线：（020）85716826

岭南文化知识书系顾问

（按姓氏笔画为序）

朱小丹　张　磊　张汉青　林　雄
钟阳胜　庹　震　雷于蓝　蔡东士

岭南文化知识书系编辑委员会

主　　编： 慎海雄
　　　　　岑　桑（执行）

副 主 编： 顾作义　方健宏　陈俊年　朱仲南
　　　　　黄尚立　王桂科　杜传贵
　　　　　陈海烈（执行）

编　　委：（按姓氏笔画为序）
　　　　　王桂科　方健宏　卢家明　吕克坚
　　　　　朱仲南　刘斯翰　杜传贵　李夏铭
　　　　　李锐锋　岑　桑　肖风华　沈展云
　　　　　张健人　陈泽泓　陈俊年　陈海烈
　　　　　金炳亮　郑广宁　柏　峰　钟永宁
　　　　　顾作义　倪　谦　倪俊明　黄尚立
　　　　　曾　莹　慎海雄

出 版 说 明

　　岭南文化是中华民族文化中特色鲜明、灿烂多彩、充满生机活力的地域文化，其开发利用已引起社会的重视。对岭南文化丰富内涵的发掘、整理和研究，虽已有《岭南文库》作为成果的载体，但《岭南文库》定位在学术层面，不负有普及职能，且由于编辑方针和体例所限，不能涵盖一些具体而微的岭南文化现象。要将广东建设成为文化大省，必须首先让广大群众对本土文化的内涵有所认识，因此有必要出版一套普及读物来承担这一任务。出版《岭南文化知识书系》的初衷盖出于此。因此，《岭南文化知识书系》可视作《岭南文库》的延伸。

　　书系采用通俗读物的形式，选题广泛，覆盖面广，力求文字精炼，图文并茂，寓知识性于可读性之中，使之成为群众喜闻乐见的知识丛书。

　　《岭南文化知识书系》由岭南文库编辑委员会与广东中华民族文化促进会共同策划、编辑，岭南文化知识书系编辑委员会负责具体实施工作，广东人民出版社出版。

岭南文化知识书系编辑部
2004 年 8 月

目　录

引 子

食材·原味

粤菜，顾名思义是指粤地的菜肴，就像粤语、粤剧等被冠以"粤"字头的事物一样，在岭南大地上生于斯长于斯，并且被这里的人们引以为豪，是岭南文化不可或缺的一部分。粤菜之于广东人，是一件既可言传，又可意会，更须品味的传家宝，每次有外地的亲朋好友到来，广东人总是会带他们去品尝三天三夜都吃不完的粤菜代表作；粤菜之于广东，则象征了岭南地区兼容并包、锐意求新的精神特质，是广东一张当之无愧的文化名片。

广东人对"吃"的重视，始于家人邻里的熏陶，形成于每一顿家常美味、每一次早

白灼本地河虾

茶夜宵。吃着吃着，你会发现这里面的味道，绝不只是口腹之欲，其中还包含与自然、与人、与生活的相处之道。

通过千万种浓淡总相宜的菜肴，我们会发现粤菜对味道的追求，永远基于食材的原味。无论是对时节的要求，还是对新鲜的吹毛求疵，乃至对生熟界限的认定和跨越，都是为了让食物原有的味道散发出最大的魅力。

食法·惹味

根据笔者并不严谨的日常观察，喜食粤菜者，多数对食物口味的追求持比较开放的态度。无论是来自祖国哪个省份、世界哪个角落的地方风味，人们都很乐意去尝一尝、试一试；遇到合乎口味的食材和做法，也毫不掩饰对外来风味的喜爱，转身就会把这道菜改良复制到自家的餐桌上。这种对食物的包容性，也许跟人们已经适应了粤菜本身的千滋百味有很大的关系。

粤菜的食材取自岭南大地与浩瀚南海之得天独厚，种类繁多超乎想象。赋予这些食材以独特口味和鲜明个性的，就是粤菜那千变万化、各擅胜场的烹饪方式。同样一只鸡在粤东或粤西会有完全不同的做法，同样一条鱼在西江或韩江流域会呈现出大相径庭的味道……在岭南不同地域流行的菜式和口味本就各有差异，而各地的粤菜流派能够兼收并蓄，创造出众多集大成者，也是粤菜能够欣欣向荣的一大因素。

一、不时不食

粤菜作为我国历史最悠久的菜系之一，虽然名字里有一个"粤"字，时至今日也以广东为最具有代表性的"根据地"，但与"岭南"的概念类似，其覆盖的范围以广东为核心，辐射力却远远超出了广东省界。尤其是广东临近的福建、广西、海南等地，不但自古以来均属于岭南文化圈，其饮食习惯也和广东相互影响，为粤菜的形成提供了不少历史积淀。

粤菜对食物原味和时令的追求，有赖于食材品种的极度丰富。正所谓"响螺脆不及蚝鲜，最好嘉鱼二月天。冬至鱼生夏至狗，一年佳味几登筵"。在广东人的生活经验里，一年四季的筵席上，总是不缺美味的。屈大均在《广东新语》里说："计天下所有之食货，东粤几尽有之；东粤之所有食货，天下未必尽有之也。"这里的"食货"，显然不是

太史五蛇羹

今天大家所说的喜欢美食之人，而是指食材。广东这种汇聚天下食材的气势，俨然为粤菜的兴旺发达打下了基础。食材当前，焉有不烹而尝之的道理？所以当时就流传着"飞潜动植皆可口，蛇虫鼠鳖任烹调"的说法。而这些汇聚在广东的无数惹人遐想的食材中，就有不少是来自巍峨五岭的时令山珍。

端午荔枝菌

　　每年农历五月的端午时节，大多是闷热潮湿的日子，但对于广东的老饕们来说，却往往会在看龙舟的时候突然醒悟："对啊！五月到了，还不快去吃荔枝菌？"于是大家纷纷询问相熟的餐厅，探听哪间农庄有采到新鲜的荔枝菌，便会呼朋唤友一起去品尝美味。

　　在端午前后的日子，天空撒下几场人们称之为"龙舟水"的大雨，让荔枝树周围的

等待采摘的荔枝菌

土地湿润得透透地。随之而来的艳阳高照，让荔枝林升腾起阵阵水汽。和这些水汽一起从泥土间钻出来的，还有一根根荔枝菌。这些荔枝菌呈浅褐色，个头瘦长，细细的菌柄上撑起一朵小小的菌伞。只有趁着这些菌伞还没打开之际，才能品尝到荔枝菌最鲜美的味道，等到菌伞打开，其中饱含的真菌孢子散落尽，荔枝菌的肉质和口感就会变老，已然不是食用最佳的水准了。荔枝菌不但出产的时间短暂，其鲜美的味道也转瞬即逝，所以在采摘和烹调方面也必须分秒必争，才能品尝到它的真味。

荔枝菌往往在午夜破土而出，人们需要清晨一大早就来到荔枝树下采摘收集。从采集、运输到处理、烹制，至少需要半天的时间，经过这一番波折还能保持菌伞紧闭的荔枝菌已是凤毛麟角。在粤菜中，对如此鲜美之物，必定要用最简单的做法突出其原味。只需用油盐蒸熟或快炒，就是一盘汇聚了天地时节之灵气的人间至味；又或者配以丝瓜、肉片，滚（水煮）一盆清汤，用一碗鲜美来消解初夏的暑气。

至于菌伞已经打开的荔枝菌，虽然不再是一等一的鲜美，但人们也绝不会暴殄天物。从前的食家，会把这些荔枝菌大火油炸，连同炸油一起装罐储藏，可以长期食用。荔枝菌经过油炸，菌香更浓，连带炸过荔枝菌的油都格外飘荡着一种幽香，用来下粥、拌面都是一绝。

和荔枝差不多时间上市的荔枝菌，每年都会掀起一股不大不小的热潮，在追逐美味的人群中形成一时的热点。人们如此追捧这小小的荔枝菌，一来固然是因为它的味道确实鲜美，二来是因为荔枝菌每年只在不到一个月的时间内出现，过时不候，更显矜贵。在广州萝岗一带，荔枝菌又被称为"五月菌""龙船菌"，也是因为这个原因。多年以来流传打油诗一首为证：

> 端午时节粽飘香，
> 蝉鸣荔熟赛龙时。
> 龙船鼓一响，
> 荔菌破土时！

顾名思义，荔枝菌与岭南佳果荔枝颇有一段渊源。除了两者都在差不多的时节上市之外，荔枝菌大都生长在荔枝树下，依靠荔枝树的根系而生，并因此而得名。每年到了农历五月，岭南大地开始进入初夏，迎来高温潮湿的天气，荔枝树根部的白蚁巢穴通过神奇的化学作用，使一种美味的真菌得以成活、生长，经过不断的细胞分裂，成为人们

油盐蒸荔枝菌

追求美味的荔枝菌。人们以"荔枝"命名这种菌类，一来描述了它的由来，二来也借用荔枝的甜美，为它增加了不少美味的联想，也算是相得益彰了。

有趣的是，后来科学研究发现，荔枝菌其实也就是鸡枞菌，后者同样以味道鲜美而驰名天下。但对于广东的食客来说，盛产于云南的鸡枞菌无论如何都不能和每年于本地出产、昙花一现的荔枝菌相提并论。人们对在清晨采摘、中午食用的荔枝菌都唯恐不够新鲜，生怕菌伞打开了影响风味，更不用说经过了层层包装和处理，再辗转千里而来的鸡枞菌了。这种心理一方面可以说是广东人对本土物产所怀有的特殊情感，另一方面也是对食材原味的执着和坚持。

大暑冬瓜盅

说起广东的夏天，相信人人都忘不了那热浪逼人、汗流浃背的感受。人们在路上奔波劳碌，经常没走几步就被热得"身水身汗"（满身大汗）。如此炎热往往让人口干舌燥，影响了吃饭的胃口，而夏天盛产的冬瓜，正好是消暑开胃的尤物。冬瓜的做法多样，不论是搭配高贵的瑶柱鲍汁，还是搭配平价的排骨、鱼头，都有一番美味，可说是粤菜中的"最佳配角"之一。

广东夏季的高温湿热天气让人大量流汗，此时期的粤菜大多能补水消暑，冬瓜盅就是粤菜的夏季特供品种。相传冬瓜盅的原型是清廷御膳里的"西瓜盅"，辗转流传到盛产冬瓜的广东以后，才变为以冬瓜为主要材料的

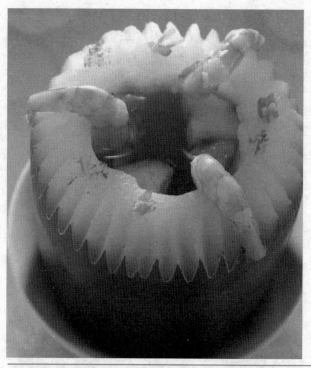

解暑尤物——冬瓜盅

"冬瓜盅"。这个传说无法证实真伪，但这种因地制宜的变通手法，倒是很有粤菜的风范。

　　一个当时得令的上好冬瓜是"冬瓜盅"出品的基础。老字号的粤菜馆只会在每年的六月底至九月底制作冬瓜盅，因为过了这一段冬瓜当造的时节，就很难保证材料的品质了。人们一般会选用五斤半至八斤左右、老身而肉厚的冬瓜，根据食客的人数做成大小不一的冬瓜盅。剖开长有瓜蔓的顶部，仍保持整个冬瓜的原状作为汤盅，并将冬瓜内的硬籽、白瓤刮净之后，有经验的厨师会在瓜肉上抹一层盐，先蒸一小时，再倒掉这次蒸出的水分，以去除瓜肉的"菜腥"味。冬瓜肉本身口味清淡，怎样既能保留这份清新，又能恰当地加入鲜味，最能体现厨师的功力。

大酒楼里的冬瓜盅，个个都是厨师一展手艺的用心之作。一个硕大的墨绿色冬瓜，

瑶柱海宝迷你冬瓜盅

就是一块绝好的雕刻原料，厨师往往会在冬瓜皮上刻出各色花纹和繁复美观的吉祥图画，摆在餐桌上就是一件颇有气派的工艺品。最妙的是，这件工艺品还是一道令人充满期待的美食。厨师的巧思不但展示在冬瓜皮的雕花上，更蕴含在冬瓜盅的汤羹里。冬瓜盅味道的关键在于提鲜，这时候高汤的作用就很重要了。冬瓜盅适用鲜而不浓的高汤，以鸡肉为主，辅以猪肉、金华火腿熬制而成。舍得下本钱的厨师，还会加一碗瑶柱汤汁，进一步带出冬瓜盅的鲜甜。在上桌之前，厨师还会加入一些另外煮好的食材，包括夜香花、胜瓜、火鸭片、蟹肉等等，尤其是蟹肉，在传统的粤菜厨师眼中是万万不能节省的提鲜妙品。冬瓜肉口味百搭，既可搭配鸭肉、火腿、干贝、冬菇、田鸡、蟹肉、虾仁这一类惹味鲜香的组合，也可放入冬菇、淮山、白果、莲子等纯素菜丁，走清淡怡人的路线。纷繁的汤料如何搭配，冬瓜盅最后呈现出什么风格的口味，全在厨师的一念之间。厨师花费一番心血，让冬瓜这种最平凡廉价的食材，一下子内外兼修，展示出雍容华贵的品质。

老字号的酒楼还会为冬瓜盅配上藤蔓缠绕的铁架子，让这个冬瓜盅看上去像刚从田里摘下来似的。掀开铺有冬瓜叶、冬瓜藤的

海皇冬瓜盅

瓜皮盖子，冬瓜盅里积聚的水蒸气裹挟着清香袭来，为食客心里带来的一股清凉。冬瓜体积不一定很大，俯视望之，如温玉般稍微透明的冬瓜肉中围起一汪"深潭"，蟹肉、瑶柱、虾仁、竹荪、冬菇等配料在其中浮浮沉沉，既清透又水灵！冬瓜盅消暑、清热、降火，兼具养生和美味双重益处，因此人人都吃得放纵，喝得舒畅。

越是天时暑热，酒楼里点冬瓜盅的食客就越多，甚至有不少人会专门趁着大暑这一天，特意来品尝一口应节的冬瓜盅。这时候在酒楼放眼望去，一个个冬瓜盅点缀在满厅的餐桌上，热气腾腾的水蒸气散发出屡屡清香。食客们的面前摆着一碗碗浮着冬瓜肉的冬瓜盅汤水，在喧嚣谈笑和尽情品味之间，一解炎夏的暑气。

冬至迟菜心

有经验的食客在粤菜餐厅中点菜，往往在确定了大小菜式之后，会问一句"今天有什么青菜？"如果负责点菜的服务员能够连珠炮般地报出一串青菜瓜果的名字，顺便推荐出今天最新鲜、最优质的蔬菜，那这位服务员的业务水平一定不低。而万一服务员报出的蔬菜品种乏善可陈，那么一道盐水菜心，就是在餐厅里最保险的选择。

盐水菜心，可以说是粤菜追求时令原味的一个典型代表。只需把菜心洗净，在开水中加少量油盐，灼熟，再伴上淡黄色的姜丝和青红辣椒丝调味道，就成了一道清新可人的粤菜。烹饪之时，留一分不熟会产生"菜腥"味，多一分过火则会令菜心的爽甜口感

泉水浸迟菜心

大打折扣，所以盐水菜心这道貌似简单的菜式，其实对厨师把握火候的功力有很高的要求。在制作过程中加几滴枧水，可让菜心更显青绿，是粤菜厨师中广为流传的"秘招"之一。上碟之后，鲜绿的菜心浸润在清澈的盐水中，淡黄、青、红点缀其间，俨然一幅赏心悦目、淳朴雅致的画作小品。

用盐水灼菜并不限于菜心，但菜心爽脆的口感、清甜的味道最适合用这种"浅尝辄止"的方式来处理。菜心之中，又以增城小楼镇周边地区出产的高脚菜心为佼佼者。这种高脚菜心每年只在寒风凛冽的冬至时节才长得最好，比其他品种的菜心上市要迟三四个月，因此又被称为迟菜心。

迟菜心以增城出产的为正宗，这里地处北回归线，光照充足、雨量充沛，加上此地优良的水土和独到的种植方式，为迟菜心提供了得天独厚的生长条件。菜心必须经过冬季的冰霜，才能凝结足够的糖分，形成汁液清甜、爽滑无渣的独特口感。一般的菜心每棵不过一二两重，但迟菜心一棵可以长到几斤重。跟普通的菜心相比，迟菜心长得茎高叶大，"高脚"之名由此而来。每年只种一茬的增城迟菜心，茎干基部通常是空心的，因此茎干的底部会有一个小窟窿，这也是分辨迟菜心和其他菜心品种的一个显著特征。

正所谓"冬至到，菜心甜"。每逢到了迟菜心收成的日子，菜农都会风餐露宿，天没亮就忙碌在田间地头，趁着露水收割，争取第一时间把刚刚收获的迟菜心送到市场。而摆在菜档上的迟菜心，菜梗上凝结的还是这天清晨从小楼镇带来的点点露珠。从农田里的迟菜心到成为餐桌上的一道盐水菜心，过程汇聚了天时、地利与人和。

广东人无论是在外请客点菜，还是在家里平常用餐，都少不了一道青菜。如果一顿饭没有青菜，大家总会觉得这顿饭吃

蒜头炒增城迟菜心

得不"完整"。而青菜瓜果之类的食材往往会随着时节有所变化，所以在特定的时节就要吃当季出产的青菜或瓜果，是粤菜的一个基本原则。

广东人的这个习惯，也许是长期被岭南丰富的物产给"惯"出来的。广东地处亚热带，一年四季气候温和，阳光和降水都甚为充沛，每个季节都有当造的蔬菜、瓜果上市。人们在市场买菜，只要蔬菜的品种随时节而变，餐桌上的蔬菜便能四季不重样。虽然现在反季节蔬菜已经成为市场的主流，蔬菜的产地也早已遍布全国，但广东人一般还是愿意遵守夏季多吃瓜果、冬季多吃叶菜的原则。当季的食材不但味道更好、更新鲜，也能适应当时的气候状况，符合人体在不同季节的需要。粤菜也遵循着这样的理念，产生了一些适合特定时节食用的菜式，体现着粤菜"不时不食"的坚持。

二、无鲜不欢

在粤菜中有一个只能品味、难以言传的概念——"鲜"。有科学家研究过，"鲜"主要是谷氨酸盐和嘌呤等物质带来的味道，还分析出形成鲜味的化学成分，画出了各种分子式。但是如果我们对一个广东人说，他在饮食中孜孜以求的鲜美滋味只不过是一些叫做谷氨酸盐或者嘌呤的化学物质，恐怕会引来一阵话不投机的沉默。

粤菜对鲜的追求由来已久。在味精出现之前，人们就懂得在做菜的时候加糖以提鲜，流传到今天加糖已经成为粤菜调味的特点之一。高汤、酱料和海味干货的广泛运用，也为粤菜增鲜不少，更因此演变出食材搭配的多种规律，成为粤菜独步天下的其中一项绝技。

粤人追求食材的原味，力求在烹调过程中让食材原味尽出，而鲜味可以视为原味的

萝卜丝煮奶鱼

升华。人们一向认为味道有五种，所谓"五味俱全"，"五味调和百味生"是也，粤菜在五味之外再加上鲜味，确实是高明。鲜味是来自食材本身的先天条件，以五味调和可以令其彰显，却不能无中生有。鲜味的领域十分广阔，不但动植物之鲜味有殊，鳞介、禽鸟、牲畜的鲜味也各自不同，如何以烹调技巧彰显鲜味而成美馔，乃是厨艺追求的正道。

有钻研粤菜的人士认为，只要把食材的原味发挥到极致，就必然达到鲜味的彼岸，所以不论食材贵贱，皆有鲜味。上至鲍参翅肚，下到菜胆萝卜，在粤菜中都一视同仁，总有一种做法能让平凡食材摇身一变，满足人们"无鲜不欢"的挑剔追求。

除了鲜味之外，粤菜中的"鲜"还有另一层意思，就是新鲜。食材只有足够新鲜，才能保持最佳的烹饪状态，带来最好的味道，从而达到鲜味的层次。从这个角度来说，是鲜味和新鲜共同造就了粤菜的"鲜"。

春鳊秋鲤夏三黎

广东地处珠江流域下游，水网密布，大大小小的水道、河涌纵横交错。珠江不但为广东带来丰沛的水源，更为粤菜提供了独特的美味——河鲜。大海出产的是海鲜，河流里生长的自然就是河鲜了。江河的水系与汪洋大海不同，虽没有那么多惊涛骇浪，但在年复一年的潮汐变幻中，依然孕育出种类繁多的鱼鳖虾蟹、蚬蚌螺蛳，令人数不胜数。

白灼黄沙蚬

广东人傍水而生，北江、东江、西江三条水道滋润了岭南大地，更汇聚成珠江主流，于珠江三角洲奔八门入海。在河道的跌宕起伏之间，珠江哺育了众多鱼米之乡，成为广东人的水上粮仓。河鲜，也就成了人们饮食文化中必不可少的一部分。就像佛山的三水区，北、东、西三江在这里汇聚，带来了大量的河鲜。当年三水菜仔街的市场分为早市和晚市，每天往来买卖河鲜的商客络绎不绝。如果渔民捕捞到肥美的河鲜，就会装上大板车，绕着市场叫卖。整个市场档口的鱼虾乱蹦，市场的讨价声、吆喝声交织在一起，不仅洋溢着河鲜味，还有浓浓的人情味。

与海鲜相比，河鲜的季节性更强，再加

上多年来自然环境的转变以及社会发展对河道的影响，让河鲜的品种和产量"买少见少"。时至今日，要觅得一桌正宗美味的河鲜，比吃一顿海鲜的难度更高。也正因为如此，河鲜在食客心目中的地位格外矜贵，必须在适当的时节品尝适当的渔获，才不算暴殄天物。广东有民谚云"春鳊秋鲤夏三黎"，讲的就是品尝这几味河鲜的最佳时节。

春天的鳊鱼，为了准备即将到来的交配季节而努力进食，更因为这段时间游动特别活跃，身体肥硕而坚实，体内各种氨基酸含量增多且种类均衡，味道也因此更加鲜美。春天一过，鳊鱼的口感就会大打折扣。

广东的鳊鱼又叫广东鲂，这种鱼历史上主要出自广东的贺江与西江流域，在广西、海南两地也有所分布。随着河流环境的变化，特别是广西、贺江等处新建了不少水利设施之后，目前正宗的广东鲂基本只在广东德庆和郁南两县交界的绿水以及上游的封开地区才能寻觅到。

对鳊鱼之类的河鲜，粤菜首选的做法一定是清蒸。而榄角这种广东特产，就是蒸鳊鱼的最佳搭档。鳊鱼的口感清香、嫩滑，所以它需要搭配一种油香味充足的材料，才能把它的味道变得更浓郁、口感更油嫩。榄角腌制后用油、砂糖调味，变得更加丰腴惹

榄角蒸鳊鱼

味，正可以担此重任。

　　榄角是一种黑橄榄的果实，本身有一股
特殊的香气，最适合搭配口味清淡之物。因
此除了鳊鱼以外，许多淡水鱼都可以与榄角

25

配对，鲮鱼和桂鱼（即鳜鱼）就是其中的代表，榄角蒸鲩鱼、榄角蒸大头鱼的做法在粤菜中也很常见。总而言之，在引出鱼类的鲜味这方面，榄角是不二之选。

相比鳊鱼的广受欢迎，鲤鱼在某些传统的说法中却不宜孕妇食用，但这并不影响文庆鲤与麦溪鲤成为肇庆远近驰名的鲜美河鲜。按照"秋鲤"的说法，中秋前后的鲤鱼要为过冬做准备，正是最肥美的状态，而文庆鲤和麦溪鲤这两个品种的鲤鱼也各有特点，各有滋味。

文庆鲤出产于肇庆的沙浦镇，身型独特，鱼侧腰有闪闪发光的金线，游动时金光闪闪，食之甘香味美，肉滑鳞脆，肥而不腻，有"岭南第一鲤"的美称。麦溪鲤最早出产于麦溪和麦塘两口鱼塘，明朝洪武年间已享有盛名。据说，麦溪鲤并没有特殊的种苗，只要把普通的鲤鱼种放到麦溪、麦塘两口鱼塘，养足岁月就可以转变成麦溪鲤；但如果把麦溪鲤放到别的鱼塘，过个一年半载，它们又会变成普通鲤鱼。如果确有其事，那真是要好好研究一下这两口神奇的鱼塘了。

美食家蔡澜对肇庆鲤鱼也是评价甚高，还专门以《鲤》为题写了一篇文章，文中写到：

一向听老人家说肇庆的鲤鱼最好，

没试过，直到六十年代末期，在"裕华国货"的食物部看到一尾，貌无奇，身略瘦，也买回来养。烹调时肚子一剖，鱼卵涌了出来，至少有整尾鱼的三分之二的重量，才知厉害。清蒸，肉香甜无比，肇庆鲤鱼实在好吃。

寥寥数语，就把这尾肇庆鲤鱼的妙处传递得一清二楚，蔡澜的美食文字几乎不加修饰，却别有一番风味。自古以来不少文人墨客都能品味出食物中的鲜味，并乐此不疲。就像明末清初的江南才子李渔，深得"食色性也"之三昧，写书之余，对食物的鲜味也极有追求。据说李渔嗜食螃蟹，每年于螃蟹未上市时即储钱以待，自称购蟹之钱为"买命钱"，每日餐桌上不可无蟹，人称"蟹仙"。在李渔的《闲情偶寄》中，对鱼的吃法也很有心得："食鱼者首重在鲜，次则及肥，肥而且鲜，鱼之能事毕矣。然二美虽兼，又有所重在一者……鲜宜清煮作汤……肥宜厚烹作脍。"李渔推崇的烹鱼之法也许跟粤菜有所不同，但他对鲜味的热爱，却是与粤菜对鲜味的追求有异曲同工之妙。近代以来粤菜能够在沪上发扬光大，跟两地饮食有这种近似的口味不无关系。

　　说起"夏三黎"，也许不少人会感到陌生。三黎，即鲥鱼，平时生活在海中，每年夏至前后都会洄游到江河中产卵，这段时间也是鲥鱼最肥美的时候。鲥鱼在珠江的产卵地点，主要在西江下游中山市一带。中山的神湾镇地处江海交界地段，此地的磨刀门水质优良，江面开阔，水温适宜，沙渚遍布。每年立夏之后的一两个月，人们就会聚集在这里捕捞鲥鱼。

　　据说，鲥鱼最肥美的日子，从开始到结束不过四五十天。鲥鱼汛期一般到七月就结束，宋人也有诗云"鲥鱼入市河豚罢，已是江南打麦天"。这时的鲥鱼已经产卵完毕，脂肪所剩无几，难怪鲜味大减了。

鸡油花雕蒸鲥鱼

鲥鱼通常体型较大，肉细脂厚，味极腴美，鳞片与鱼皮之间满含油脂，鲜味浓重，所以人们在烹制鲥鱼时往往会特别强调"清蒸鲥鱼不刮鳞"。清蒸鲥鱼的火候若把握得当，应该蒸到刚熟还略见血丝，口感鲜嫩无比。鲥鱼味道最美之处在于皮鳞之交，晶亮的鱼鳞里含有大量胶质，鳞下富含脂肪，皮下一层浅褐色肉，十分鲜美。

鲥鱼除了清蒸之外，还有一种做法被古人以诗为记：

> 芽姜紫醋炙鲥鱼，
> 雪碗擎来二尺余。
> 尚有桃花春气在，
> 此中风味胜莼鲈。

"芽姜紫醋炙鲥鱼"于今天恐怕已经难得一试，但能在古人的诗中被描述成胜过"莼鲈之思"的美味，想必当年的鲥鱼也是风雅之物，令人神往。

海鲜生猛

广东临海，从珠江口到浩瀚的南海，既有咸淡水交界的浅滩，又有深不见底的大片汪洋，为这里的人们提供了数不尽的海产。

手工开海蛎

与此同时，我国有着漫长的海岸线，蜿蜒的大陆架孕育了很多产量丰富的优良渔场。在我国的众多渔场中，广东固然会出产不少特有的品种，但总体与其他地区渔场相比，广东出产的海鲜未必是产量最多、品质最好的。粤菜中的海鲜之所以名扬天下，靠的是"生猛"二字。

广东的生猛海鲜之所以扬名，一方面是因为其新鲜上市、品种丰富，另一方面是粤菜师傅的"巧手"能让海鲜焕发出别样的美味。有了这两个保障，再加上海鲜、海味在粤菜中的种种妙用，海鲜在粤菜中的地位自然稳如泰山。

正所谓"出处不如聚处"，这句话用来

玲珑花椒皇后螺

形容海鲜市场在广东的兴旺程度最合适不过
了。在广州的珠江岸边、白鹅潭侧，屹立着
全国其中一座交易活跃、影响力大的水产品
交易市场——黄沙水产交易市场。该市场占
地近三万平方米，本身就是停泊渔船的大型

码头，可同时停泊100吨至3000吨不等的船只数十艘，不论是远洋大型渔轮还是来自四乡的小船，均可直抵市场码头进行交易。码头外的珠江河面也被用来交易水产品，每天的成交量都在500吨以上。来自南海或全国甚至全球的新鲜海产，通过水路、陆路、空运汇聚在这个珠江边的市场里，经过交易者的一番讨价还价，又转运到全国各地。这个水产市场全天24小时营业，白天车水马龙，夜里灯火通明，这里也被誉为"永不落幕的水产交易盛会"。

如果这里仅仅是一个生意兴隆的水产交易市场，那还不足以牵动广东乃至全国海鲜老饕的心。这个市场最吸引食客的，除了大小档口的海鲜池里任人挑选的新鲜海产，还有挑选了海鲜之后立马到楼上的酒楼烹而食之的灵活手法。

有经验的食客来到这个水产市场，会先在沸反盈天的市场里梭巡一番，看看此时此刻各家店铺里最新鲜运到的有哪些好东西。有可能是码头的渔船正在卸下横琴的生蚝；也有可能是刚刚空运到港已经摆在海鲜池里供人们挑选的澳洲龙虾；也许一分钟之后，来自大连的对虾就会被摆上货架……总之，在这里挑选海鲜，每一秒都有惊喜，每一间店铺都有自己的特别推荐，不断考验着食客

火龙果带子炒虾球

们的眼力、肚量和钱包。

　　在海鲜摊档选购了自已心仪的品种之后，就要考虑怎么吃了。不用担心，市场里的酒楼已经做好准备，等着自带海鲜上门的顾客了。顾客从市场自购海鲜，酒楼收取加工费负责烹饪这一模式，已经在这里运作多年，保证了鲜活的海产品能够第一时间得到处理，让食客能品尝到最新鲜的海洋美味。

　　如果有挑剔的食客，觉得到水产市场即买即做都不够新鲜，那还有没有更新鲜、更直接的方法，让海鲜更快地到达食客的嘴里？答案当然是有的。例如在渔船回程的半路上，我们就把渔获截下，立即大快朵颐。

　　在广州临近珠江出海口的地带，遍布着

河涌和农田，在这里居住的农民，大多都靠出海打鱼和种植香蕉、甘蔗等作物为生。以前很长一段时间，人们打鱼归来后，都是开着渔船，把渔获沿着水道送往广州的水产市场销售，只留下一部分在本地食用。后来越来越多的人从广州来到这些更靠近大海的地方，只求吃一顿更新鲜的海鲜大餐。这里的农民发现了商机，也开起了水产市场。如此一来，渔民能够在家门口就把渔获卖掉，食客则得以更直接地品尝到新鲜的海产，真可谓各得其所。

更有甚者直接租渔船出海，把捕捞到的渔获马上下锅，又是一种有趣的体验。但是这种带着顾客一起出海的渔船通常体型较小，而且为了保证安全只会在珠江出海口附近捕捞，所以人们这样品尝到的渔获多数是咸淡水交界处出没的品种。

为了追逐新鲜、生猛的海产，人们从珠江边的水产市场，到靠近出海口的渔村，再到跟随渔船出海，这种"无鲜不欢"的追求恰恰就是粤菜精髓的一种体现。

干货之鲜

如果说生猛海鲜是转瞬即逝的鲜味之源，那么海味干货就是用时间和功夫，把甜

各式花胶（鱼肚）

美的味道浓缩成了另一种形态，让我们可以把这份鲜美长久保存、细细品味。

严格来说，海味只是干货的其中一个种类，它是指海产经过干燥脱水之后的产品。据说海味的制作最初是由海上的渔民发明的，因为旧时的渔船没有冷冻设备，为了尽量长期地保存打捞到的渔获，晾晒和风干是最可行的办法。久而久之，人们发现这样处理之后的渔获别有风味，更发展出多种不同的处理方式，得到了多种口味的海产干货。

海味在我国沿海地区较为流行，因为味道鲜美、营养丰富，不少海味都有很高的价值，其中最广为人知的"鲍参翅肚"，即鲍鱼、海参、鱼翅及鱼肚就一直被视为高档食材的代表。其他常见的海味包括咸鱼、虾米、公鱼仔、干贝、干鱿鱼、鱼鳔、青口干、蛏干、蜇皮、沙虫干、蚝豉等,种类繁多,难以尽录。

在海味之中,虾米也许是最平价、最普通的代表了,但它却能为家常的菜肴带来海洋的味道,为平凡的菜式增添一道亮色。就像家里寻常的蒸水蛋,如果在蒸蛋之前,取虾米少许,剥壳洗净之后留下虾米水备用,再把虾米用油爆香,等到打蛋之后把蛋液和爆香的虾米混合,加进虾米水再蒸。经过一番处理,这道蒸水蛋肯定鲜香四溢,口味大为提升。

广东人在冬季常吃的生炒糯米饭,也少

生炒糯米饭

不了虾米的搭配。正宗的生炒糯米饭需要把
糯米提前浸泡一夜，第二天沥干水分后下锅
慢炒，等到糯米快熟的时候再加入预先炒香
的腊肠、腊肉、花生、冬菇、鸡蛋、瑶柱、
虾米等配料同炒。生炒糯米饭既软糯又富有
嚼劲的口感、香味悠长的味道深受老广的欢
迎，是粤菜在冬季的一道拿手菜。在生炒糯
米饭丰富的口味中，虾米和瑶柱作为海味的
代表，既中和了腊肠、腊肉带来的油腻感，
又体现了粤菜重鲜味的特点，是这道炒饭必
不可少的组成部分。

　　其实粤菜对海味的钟爱又何止是对虾
米？除了提鲜增味，海味对身体的滋补功能
一向都备受推崇，尤其是在粤菜的范畴里，
海味的美味和滋阴补益的功效得到极大的统
一。如干贝够"正气"，有和胃调中的作用，
可清炖食用；花胶有滋阴养血、固肾培精的
功能，除了可配肉类药材炖汤煲汤外，也可
以做粟米花胶（鱼肚）羹；鲍鱼滋阴明目，
可用沙参、玉竹煲鲜鲍鱼瘦肉汤，同时加枸
杞子补肝肾，也可用鲜鲍鱼与花旗参、百合
炖或煲汤，既能滋阴亦有清热和滋润功效。
诸如此类的食疗粤菜谱非常多，更不用说主
妇平时在家做菜时随手放几粒瑶柱吊味（提
鲜），做一道咸鱼蒸花肉这些信手拈来的用
法了。

对海味的娴熟运用已经成为烹调粤菜的题中应有之意，每一种海味干货从选购、储藏、泡发，到与何物搭配、如何烹调，乃至什么时节适合吃哪种海味，全都有所讲究。这里面既有人们对生活经验的积累，也有对食疗养生的研究，更有对极致鲜美的追求。如果哪一天人们的餐桌上少了这些源自大海的干货，就像粤菜中没了鲜味，一定让人无法忍受。

三、生熟之间

在中国的诸多菜系中，很少有像粤菜这样，对食物的生熟如此纠结的。"这只鸡最好肉刚刚熟，骨髓带血"；"虾蛄（皮皮虾）大的可以白灼或椒盐，小的就做了生腌吧"；"这条鱼清蒸虽好，但切成鱼片生吃也未尝不可"……这些刁钻的要求源于粤菜的传统，也是粤菜的特点之一。就像西餐的牛扒在不同的生熟程度会产生不同的口味，粤菜对生熟的取舍，也是为了追求食物的原味和鲜美。

如果有这样一把标尺，左边是生，右边是熟，中间是生熟之间的交界处，那么粤菜对食材原味和鲜美的探寻，就是用这把标尺不断推演、量度的过程。当然，最终衡量生熟与味道标准的，并不是一把尺子，而是古往今来无数食家的"三寸之舌"。这就引出了几个问题，如果对食物原味、鲜味的追求到了极致，会得出什么结论？食物的美味和生熟程度最佳的契合点在哪里？如果要生吃才能尝到食材的原味，那我们岂不是应该回到茹毛饮血的远古时代？

幸运的是，粤菜为我们完美地解答了这些问题。从恰好浸熟的白切鸡，到追求极致鲜味的潮汕生腌，还有崇尚古法的顺德鱼生，粤菜游刃有余地游走在生熟之间，为我们开辟出一片美味的天地。

靓鸡白切

要说粤菜最出名的代表作，白切鸡肯定是不二之选。其实除了白切鸡，岭南地区还有白切狗、白切鸭等特色菜式，海南岛的白切东山羊也是一道名菜，但始终只有白切鸡最能代表粤菜的特色，最牵动着无数粤菜拥趸的味蕾。

白切鸡在苏浙沪一带又名白斩鸡，清代美食家袁枚在他所著的《随园食单》中称之为白片鸡。袁枚在书中说："鸡功最巨，诸菜赖之……故令领羽族之首，而以他禽附之，作羽族单。"在这份"羽族单"中，袁枚列出用鸡制作的菜肴数十款，有蒸、炮、煨、卤、糟等做法，排在首位就是白片鸡，说它有"太羹元酒之味"。何为"太羹元酒之味"？就是上古祭祀先人所用的酒肉，不加任何调料，全凭本色，大璞不雕。从袁枚的这一评价看来，白切鸡堪称美食中的独孤九剑，无招胜有招，无味胜有味。

　　传统的白切鸡做法就是把鸡放在高汤里浸熟。厨师要严格控制火候，力求鸡肉仅仅熟透，鸡骨中即使带有鲜红的血色也在所不惜，如此方能保留鸡肉的鲜嫩和原味。白切鸡在烹调时尽量不加入香料调味，在食用的时候，把鸡肉蘸满专门制作调配的姜葱料，一入口，就能尝到清新的姜葱味道，从而引出鲜香悠长、回味无穷的自然鲜味，一边咀嚼，鸡皮、鸡油、鸡肉逐渐散发出层次丰富

白切鸡

姜葱白切鸡肾

的"鸡味",令人欲罢不能。只有白切,才能把鸡肉的这种鲜美完全展现出来,白切这种烹调方法也突显了粤菜追求原汁原味的特色。

白切鸡的做法说起来简单,做起来却很讲门道,首先就是对原材料——鸡的要求非常严格。在广东人心目中,最有"鸡味"、最适合白切的鸡种首选清远鸡。清远鸡是广东清远清城区、清新区、佛冈县、英德市四个县(市、区)所产麻鸡的统称。清远麻鸡,因母鸡背上的毛色斑斓似麻点而得名,它的特征是鸡皮、鸡嘴及鸡脚均带黄色,肉质嫩滑鸡皮爽滑,"鸡味"够浓。除此之外,用来白切的麻鸡还必须是尚未生过蛋的母鸡,鸡龄在160—180天之间,才能保证其肉质和味道皆为最佳状态。

即使选到合适的清远麻鸡，浸鸡、吃鸡的过程也犹如武林高手在相互切磋，招数颇多。鸡肉过沸水以"七上八下"之手法氽烫，以"虾眼水"微火浸熟，再泡一会冰水，俗称"过冷河"。晾干后斩件上桌，鸡肉片片如白玉镶黄边，皮脆肉滑。下箸之时，或点之以姜蓉，或淋之以葱油，既可豉油拌椒圈，又可调入芥末，口味浓淡，全凭个人喜好。

白切鸡因其"鸡味"返璞归真，所以岭南各地虽然饮食口味有所差异，但都为之折服，还生发出各具特色的不同滋味。向西至湛江，他们的蘸料是将沙姜碎与熟花生油同炼，幽凉似药，食之觉翩翩仙味，清风明月俱在齿间；再往西至北海，他们是用沙蟹汁的生腥带出鸡肉的鲜甜，实为陆海妙会。在追求原味的同时，又为各地的口味留有余地，白切鸡之所以能够风靡岭南大地，与这一特质不无关系。

小鲜生腌

在广东的潮汕地区，流行着"生腌"这种独特的处理食材的方法。潮汕人精通十八般海鲜烹调手艺，却对生腌情有独钟。因为他们认为，只有生腌才能最大程度保留海产

生腌海虾

原始的鲜味。

　　生腌，顾名思义是把食材活生生地进行腌制。潮汕地区盛产海鲜，生腌的对象主要是体型较小或壳多而肉少的小海鲜，常见的有血蚶、虾蛄、蟹类、牡蛎、虾、薄壳等品种。生腌的材料务求鲜活，必须在海鲜还存活的状态下将其放进腌料中，进行时间或长或短的腌制。

　　生腌是潮汕菜中极具特色的一类菜式，几乎成为潮汕餐馆的标配。在潮汕餐馆用餐时，我们会发现经营者喜欢把新鲜的海产、熟食、卤水等食材在餐厅入口处摆成一摊，让食客一进门就看到店里今天最好、最新鲜的食材，既可刺激食欲，又可作为点菜的依据。这个摊档可说是餐厅展示实力的场所，食材的品种够不够多，海鲜够不够高档，是不是新鲜到货，熟食的卖相够不够吸引，这些问题的答案都摆在台面上，供食客们眼见为实。经过盛放着红红绿绿的海鱼、形态各异的贝类的摆盘之后，这时往往会闻到一股异香扑鼻，眼前便出现一盘盘浸泡在酱油和香料中的海鲜，看起来还保持着鲜活的质感，但又如经过烹调似的格外诱人。这就是处在生熟之间的微妙状态的生腌了。

潮汕大厨会用姜、葱、蒜、盐、芫荽、鱼露、辣椒、味精、酱油、香油等调料按照比例做成腌料，将洗干净的活海鲜放进盆里进行腌制。腌料调配的重点在于，味道既要足够渗入食材，又不能太浓，怕夺了海鲜的原味。除了基本佐料，生腌的门派还有细分，有下鱼露提鲜的，有加红糖增甜的，还有放南酒去腥的……在腌料调配上，可说是八仙过海，各显神通。海产腌制短则半小时，长则需几个小时到一天，就可供品尝了。

腌虾蛄、腌薄壳、腌血蚶……丰富的生腌品种足以让人眼花缭乱。在汕头，用来做生腌的大多是这种小海鲜，价格不贵，送粥下酒皆宜。每年的四五月份，正是虾蛄最肥美的时节。新鲜的虾蛄经过腌制后通体透亮，却有一抹红色镶嵌在肉中，这些看起来

生腌膏蟹

像咸蛋黄一般厚厚的红膏，入口无比幼滑鲜甜。还有腌薄壳，个头虽小，鲜味却丝毫不输虾蛄。最地道的生腌还要数腌血蚶，一盆血蚶看起来就是"鲜血淋漓"。当地人认为血蚶补血，血才是血蚶的精华，所以吃时要把腌汁尽量泄去，保留壳内的血汁，连蚶肉一并放进嘴里吸食，才能品出真味。

在种类繁多的生腌序列中，除了这些亲民小菜，也有能上筵席的大菜——腌膏蟹。秋风一起，膏蟹肥美，人们便将之塞入瓮中，灌入高度白酒、姜末、蒜蓉，还有潮汕地区特有的酱汁，腌之待食。等到腌膏蟹上桌的一刻，食客们亲手掀开蟹盖，只见里面橙红色的蟹膏如啫喱般，蟹肉晶莹剔透，散发出阵阵鲜香，令人垂涎欲滴。

其实生腌并不是潮汕地区所独有，在我国东南沿海甚至韩国某些地区都能看到生腌菜式的影子，不过所用的腌汁各具风味。譬如上海人就爱以酒糟或是黄酒来生腌，像"酒醉黄泥螺"和"醉虾"，皆是把活螺、活虾洗净控干水分，前者放盐、放黄酒，后者直接倒入曲酒里让其"醉死"，上桌后人们再伴以南卤开吃。"醉虾"以酒香出众为特色。到了宁波一带，腌料则变成浓盐水、白酒和醋，代表菜式是"宁波呛蟹"，品尝的是大咸大鲜之味。

相比之下，潮汕地区生腌所用的酱汁多以豉油为底，加以香料，追求的是鲜中带咸，又带微辣的复杂口感。这是由于潮汕地区的各类时令海产品种多样，使用这种做法更能体现出不同海产之间复杂微妙的风味。且潮汕地区的生腌品种之丰富、日常食用之普遍、丰俭由人之随性，更是独树一帜。

吃生腌时，最好配上一碗潮汕白粥。寻常夜里，市井巷陌之中，三五知己叫上一锅白粥，几碟生腌、菜脯，这便是普通潮汕人的夜宵生活。吃多了生腌，肚子容易觉得凉飕飕，来一碗暖和的白粥压阵，就是一个完美的夜晚。

鱼生片片

粤菜中的鱼生，可谓让人又爱又恨。爱它的人留恋于那薄如蝉翼般的鱼片中夹杂的鲜甜美味；恨它的人忌惮于淡水鱼生容易感染寄生虫的危险，一边吞着口水一边望而却步，内心备受煎熬。在追求食材原味和鲜美的道路上，鱼生也许是粤菜之中的极致了。

顺德鱼生

　　鱼生并不是现代人一时嘴馋而发明出来
的，而是源远流长，传承自古老的中华饮食
传统。最初的生鱼片是"脍"的一种，意思
是切细的生肉。中国早在周朝就已有吃生鱼
片（鱼脍）的记载，最早可追溯至周宣王五
年（前823年）。据出土青铜器"兮甲盘"的
铭文记载，当年周师于彭衙迎击猃狁，获胜
而归。大将尹吉甫设宴与张仲及其他友人庆
功，主菜就是烧甲鱼加生鲤鱼片。《诗经·
小雅·六月》记载了这件事："饮御诸友，
炰鳖脍鲤。""脍鲤"就是生鲤鱼切片，这
种吃法后来流传到日本，演变成一种叫"鲤
洗"的日式刺身。《礼记》又有记载：
"脍，春用葱，秋用芥。"《论语》中也有对
脍等食品"不得其酱不食"的记述，故先秦之
时人们吃生鱼片，当用加葱、芥的酱来调味。

　　关于中国南方食用生鱼片的记载，最早
可以追溯至东汉赵晔的《吴越春秋》，据
《吴越春秋·阖闾内传》所载，吴军攻破楚郢
都后，吴王阖闾设鱼脍席慰劳伍子胥，吴地
才有了鱼脍，当时是公元前505年。其后多
个朝代的古书都有关于吃生鱼片的记载。随
着时代的变迁，流行吃生鱼片的地区逐渐减
少，到了清朝，这一习俗就只在江南和岭南
地区流行。

　　时至今日，鱼生在广东的珠三角、潮汕

地区、五华、兴宁和福建宁化等地仍然是传统的美食。各地的鱼生做法大同小异，大致上都是把淡水鱼用精细刀工切成薄片，拌上配料食用，而各地的配料则各有特色。其中名声在外、影响最广的当属顺德鱼生。

顺德是广东有名的鱼米之乡，由于当地物产丰富，生活较为富庶，所以当地几乎人人都精于饮食，更因为顺德的鱼塘养殖业发达，造就了顺德人烹鱼吃鱼的"天赋"。虽然顺德很多"奄尖（粤俗词，指要求多，挑剔）大少"下厨的本领都不错，但是顺德鱼生需要把鱼肉切成薄片，这里面的刀工却不是随手可以练就的功夫，所以人们吃鱼生一般都会选择下馆子。

顺德鱼生的制作非常讲究，一是做鱼生的鱼一定要经过"扣养"。所谓"扣养"，就是把准备食用的鱼买回来后，放入河道网箱中，"扣留"在流动的水中养一段时间，其间不放任何饲料。通过几天"断食"，让这些鱼儿把早前塘养的腥味和饲料的残渣通通排泄掉。用这样减肥的"瘦身鱼"，做出来的生鱼片肉质格外鲜甜。

二是杀鱼时，格外讲究刀工。有经验的厨师会抓起鱼头，在鱼下颌处和尾部各割一刀后再放回水中，让鱼自行排血。这样可以让鱼血放得更干净，鱼肉更加美观，吃鱼生

顺德鱼生和丰富的配料

时也不会有鱼腥味。

　　放血之后就是切鱼片，鱼生好不好吃，
全看师傅的刀工。把鱼背的肉起出后切片，
注重的是一个"薄"，"薄则鱼骨隐，厚则
鱼骨现"。一个好的师傅，能把鱼片切成半

毫米左右的厚度。这样鱼片晶莹剔透，漂亮至极。一般鱼生在片好（切好成片）之后，要再放进冰箱冷冻一阵，才能爽滑清甜。盛生鱼片的盘子要放入冰块轧平，然后在上面铺上一层保鲜膜，再将鱼片均匀整齐地覆盖在上，一盘鱼生就完成了。

顺德鱼生的另一个特色在于其琳琅满目的配料。餐桌之上，一大盘已切成细条的蒜片、柠檬丝、姜丝、葱丝、洋葱丝、辣椒丝排列如调色板，还有花生、芝麻、指天椒、豉油、香油、白砂糖等配料，供食客选择，食客便按自己喜欢的口味挑选配料，再将其和生鱼片均匀搅拌，调和到至鲜至味。

在这些纷繁配料的衬托下，生鱼片入口已经毫无鱼腥，充盈在口腔中的只有爽滑的口感和新鲜甜美的鱼香。接连几口鱼生下肚，令人惊喜的竟然是还能尝出生鱼肉特有的颇为丰腴的质感，这也是煮熟之后的鱼肉所没有的特质。

据顺德当地人说，吃鱼生"段位"越高的人，拌的配料就越少。如果能只用香油拌鱼片而乐在其中的，一定是真正的食家。要品尝多少碟鱼生，才能达到这样的"段位"？这个问题的答案我们不得而知，但可以肯定的是，能如此品味鱼生的人，一定口福不浅。

四、广府菜

粤菜的流派甚多，广为人知的有广府菜、潮菜、客家菜三大分支。从地域来说，主打广府菜的地区并没有潮菜和客家菜那么泾渭分明，主要包括古代广州府的管辖区域，以及今天的珠三角和粤北的一些地区。

广州地处珠江出海要津，占省城之利，自古以来达官贵人、南北商贾多在此聚集，使广府菜形成了不拘一格、种类繁多、制作精细的特色。另外，也许是广府地区较为富裕且商业气息浓厚的原因，人们除了追求食物本身的色香味之外，还对饮食的创新性、精细度有更高的要求，正可谓是"食不厌精，脍不厌细"。

厨出凤城

广府菜追求精致到了什么程度呢？到了

顺德凉拌爽鱼皮

在豆芽菜里酿馅、在鸡蛋壳中蒸肉的程度，这些接近传说的名菜都来自广东的美食胜地——顺德。顺德原名太艮，有一凤凰山，山上有城，故自古便有"凤城"之名。

顺德境内河道交错，早在南宋时已有蚕业与金融活动，后在蚕业的基础上又发展出桑基鱼塘，因此当地鱼米丰盛、经济蓬勃。生活富庶加上人文荟萃，使顺德菜得以发扬光大。历史上大部分广东菜都源自顺德，而顺德厨师的厨艺更是名满天下，"厨出凤城"的说法流传至今。"顺德名厨主理"至今仍是粤菜餐馆宣传时甚为有效的广告语。

要培养出真正的名厨，少不了有赖凤城历史上那些挑剔的雇主们。广东四大名园之一的顺德清晖园，其主人龙氏家族不仅三代为官、富甲一方，还对饮食精益求精，被顺德厨界奉为"食圣"。龙氏一族的府上，就培养出了数名精研厨艺的饮食大师。据说有一位园主每次回到清晖园，都要点三个菜，分别是酿豆芽、炒烧鹅皮和酿鸡蛋，从中可以一窥龙氏家族对厨师的严苛要求。

酿豆芽又可以叫火腿酿银芽，即用银针先把细嫩的绿豆芽梗（并非粗壮的黄豆芽梗）掏空，再将金华火腿丝、肉末等物酿入，豆芽外观丝毫不变，味道已经大变。因为这道菜花费的功夫极多，龙家的大厨每次都只能做三十来条，炒成一小碟上桌。

炒烧鹅皮不但用料刁钻，炒制也极其考验大厨的功力。新鲜出炉的广式烧鹅，皮脆多汁，肉质鲜嫩。龙家大厨用精细刀工，片出烧鹅大腿部位最焦香油润的部分皮脂，通过小炒增添其镬气，减少其油腻，而又不损其香脆。经过一番巧手，方能把整只烧鹅的精华浓缩到数片薄皮之上。

龙氏饮食的另一传奇酿鸡蛋，做工更显细致。据说要在鸡蛋煮至半熟之际，于蛋壳的一端刺破一口小孔，将蛋黄倒出，再将备好的精细配料一针一针注入蛋壳之中，随之蒸至全熟。对一枚鸡蛋用上如此"偷天换日"的烹调手法，真是神乎其技、其味无穷。

传说中的精细厨工，今天已经融入顺德菜的血脉，体现在人们平常能够品尝到的菜式中。就像前文提到的顺德鱼生，其精致仔细也足以让人赞叹不已。

顺德菜在种类繁多、百舸争流的粤菜中至今仍然能够独树一帜，除了有"厨出凤城"的渊源外，还依靠充分挖掘顺德本地物产的特色，创造出别处难以复制的美味。

顺德地区的村庄城镇，多数沿着水道兴建，不少村镇至今仍保留着小桥流水、岁月静好的岭南水乡面貌，居民枕水而居，怡然自得。顺德水乡盛产淡水鱼，也有丰富的稻米和水牛养殖等农产品收获，不少顺德名菜就是运用这些物产巧手制作而来的。像伦教糕、炒牛奶、蒸猪等名产自然不在话下，种种鱼类菜肴更是顺德菜的精华所在。

顺德人最善于食鱼，也最喜食鱼。广东盛产的鲮鱼就备受顺德大厨的喜爱，为顺德菜贡献了不少有口碑的招牌菜。因为鲮鱼土生土长、粗生易养，所以广东人都称之为土鲮鱼，其肉质鲜嫩甜美且富有胶质，但鱼骨又极多，其烹制的方法正好体现了顺德菜厨工细致的特点。

单单是把土鲮鱼的鱼肉打成鱼滑，就能成就不少名菜。人们先用熟练的刀工切出鲮鱼肉，去掉其大骨，在把鱼肉切成薄片的过程中顺便将细骨切碎，再把鱼肉剁成鱼茸，加入盐、胡椒粉、水打至"起胶"，就成为鱼滑了。

把鲮鱼的鱼肉和鱼骨起出，留下鱼头、鱼尾和鱼皮，再在鱼滑中加入已浸软、切碎的腊肉、冬菇、虾米和芫荽、葱、生粉，将其拌匀后再重新酿回鱼身恢复全鱼的形状，再均匀煎熟，这就是顺德名菜"煎酿鲮鱼"，此制作过程充分体现了顺德菜的精细厨工。

假如在鲮鱼茸中加入发菜丝、陈皮茸和腌料，搅拌至"起胶"再捏成肉圆，使之成为鲮鱼球，便可拿来煲粥、酥炸。尤其是酥炸鲮鱼球，蘸上由新鲜的蚬肉、汾酒、姜、陈皮丝等腌制而成的蚬蚧酱食用，更加是鲜美不可言喻。

油盐蒸鲮鱼

豆豉鲮鱼茄子粉卷

再简单一些，只要把调配好的鲮鱼滑压成大小适中的薄饼形状，用慢火煎至金黄色，就已经是送酒下饭两相宜的妙品。又或者直接用榄角或酸姜、仁稔蒸鲮鱼，也已经足够鲜美。

最不可思议的是，即使是把土鲮鱼油炸制成罐头，也是在顺德生产的产品味道最为甘香鲜美，不得不令人感叹顺德美食之魅力。

烧腊之味

广东地区的市场几乎都有烧腊店，在玻璃橱窗背后，一般都会挂有白切鸡三五只，并排的还有烧鸭、烧鹅三五只，这些是店里的主打产品；下面一排挂的是叉烧、烧排骨、烧肉、烧鸡翅、卤大肠等等主流之选；最下面堆放着卤水掌翼、太爷猪手、紫金凤爪、鸡肾鹅肝、果汁猪扒等秘制杂碎。

烧鹅油光铮亮，胀鼓鼓的肚皮下面饱含着美味的肉汁，皮香肉嫩、鹅味十足；叉烧经过烤制后带上了蜜汁的色泽，质感格外诱人，精选的猪肩肉腌制入味，肥瘦适中，甜美肉香吃来口感富有层次，烧肉也讲究火候、肥瘦得宜，一看那金黄的猪皮和肥瘦相间的猪腩肉纹，就知道这块烧肉必定是入口松脆、肉质丰腴而咸香味美。

广州人习惯称"斩料"，就是买烧腊为家里加菜之意。用"斩料"来专指买烧腊一事，跟烧腊店特有的买卖形式有关。任何一间标准的烧腊店，都是把新鲜出炉的烧腊完完整整地展示出来，供顾客挑选。馋嘴的食客会把脸凑到玻璃前，仔细挑选出自己心仪的那一块烧腊之后，便隔着玻璃手嘴并用地告诉玻璃橱窗里一直站在烧腊背后的那位厨师，请他斩出自己需要的部位和分量，再称重购买。除了清明祭祖，几乎没人会买整只整块的烧腊回家，所以"斩"是买烧腊必经的环节，而且这一动作展示了烧腊店师傅的精准刀工，颇有观赏性和冲击力，"斩料"一词也就应运而生了。

烧腊店一景

　　用"料"字来指代食物，可以追溯到唐朝的神怪笔记《冥报记》。里面的一则故事提到"客自有料"，就是客人的膳食自有安排之意。粤语中沿用古字的例子并不鲜见，人们也很自然地用这些词语来叙述每天的市

井生活。从在店铺里"斩料",到一碟烧腊
摆上餐桌，往往是一蹴而就的事。烧腊这种
方便快捷的美味，据说是起源于旧时广府的
商业精英们对快餐的需求。

　　明清以来，广州一直都是中国重要的通
商口岸，清乾隆年间，广州"一口通商"垄
断了全国的对外贸易，地区人丁兴旺，一片
繁荣之景。这时候的广州对中外商人来说，
俨然是一个高速运转的商业交易所。商业畅
旺，自然会带动餐饮业的发展，但此时广州
流行的"煎""焖""烩""焗""炖"等
烹饪方式，都需要耗费大量时间，无法适应
大老板们来去匆匆谈生意的需要。因此，可
以提早制作完成，客人用餐时马上就能斩件
上碟的烧味、卤味和腊味便大受欢迎，逐渐

红酒皮蛋黑叉烧

化皮烧肉

自成一派，统称为"烧腊"。直到今天，烧腊依然是不少打工仔加班快餐中的常选项目。

经过漫长的时代变迁，今天的烧腊店里会有烧味、卤味，却已经不再售卖腊味；在粤菜餐馆里，则会专设"味部"来负责这三味食物和其他凉菜。"烧腊"一词，已经成为约定俗成的说法了。

那么吃烧腊是否一定要"斩料"？其实不然。烧腊也是广东人在祈福拜祭、举办宴席时常用的食物，这时候的烧腊会以完整的形状出现，取其"红皮赤壮"的吉祥寓意，突出隆重和喜庆的气氛。就像端午划龙舟，是岭南水乡村落都很重视的大日子，这一天相邻的村子都会划着龙舟相互拜访，人们用烧猪来招待各方来客，尽地主之谊。遇到工地开工、商铺开业、电影开镜这些重要的日子，人们会用一整只乳猪来拜祭神灵，祈求万事顺利。到了清明节祭祖，人们或用乳猪，或用烧鹅，或用烧肉，摆在祖宗墓前，烧腊就成为庄重的祭品。

烧腊即使在有些时候显得比较庄重，但是在不少广东人心目中，烧腊更多的是一种甜蜜的奖励。小时候考试进步了几名，妈妈会奖励一只烧鹅腿；家里来了客人，会让孩子下楼斩几条叉烧加菜；春天的荠菜上市，来一条烧肉一起炒了吃……最好吃的烧腊，往往不是来自大酒楼、高档餐厅，而是那些在老城区菜市场周围的百年老店。烧腊的味道，总是飘荡在家的附近，跟美好的记忆和古老的传统联系在一起，经久不衰。

茶点珍珑

在围棋中有一种珍珑棋局，指的是下棋者费尽心思，摆出的一盘构思奇巧、复杂无比的棋局。这种细致布局、精细入微的心思，跟精致玲珑的广式茶点，倒是颇有相通之处。

广式饮茶有早茶、下午茶还有夜茶，茶点的品种大同小异，气氛却各有不同。早茶最为温馨慵懒，一般是家里的老人牵头，由晚辈簇拥着欢聚一堂。一家人或是聊着家长里短，或是看着报纸心系天下、嬉笑怒骂，氛围乐也融融。下午茶就正经了许多，客户、同僚往往会在茶桌上谈判某个项目，盘算某个数字，点心就是筹码，茶楼变成另一种会议室。晚茶又是另一番风景，三五知己推杯换盏，在几笼点心之间就聊尽了江湖往事。

饮茶对于广东人来说，远远不只是一顿吃喝，还是精神的交流和细致的品味。饮茶时的一笼点心，蒸出人间百味；一壶茶水，沏出回味无穷。所以广式茶点格外精致细腻，的确有"玲珑"之风。林林总总的广式

干蒸烧卖皇

茶点，就是一系列微缩标本，凝聚了粤菜的万千滋味，正如一盘珍珑棋局，在茶点制作和食用之间融汇了如围棋般的博大精深。

广式茶点的"珍珑"心思，首先表现在品种繁多。在茶楼里，一般供食客在饮茶时选择的点心就有七八十种，品种齐全一些的有上百种也不稀奇，光是点心的各种外皮，就有三十多种做法。但种类如此丰富的点心，并不是一蹴而就、从天而降的，而是随着广州茶楼的岁月变迁，逐渐积累而来。

清朝末年，茶楼逐渐在广州一带兴起，当时提供给茶客在饮茶时食用的点心品种很有限，只是杏仁饼、蛋卷、薄脆、糖果之类无须烹调的零食。到了民国之后，广州迎来短暂的繁荣时期，各地聚集而来的商家、食客逐渐增多，茶楼的竞争日趋激烈，才开始提供越来越精美的食物招揽客人。今天我们熟悉的豆沙包、叉烧包、腊肠卷、烧卖、虾饺等名点，都是民国时期才出现的。

在旧广州茶楼竞争最激烈的时候，有人想出了"星期美点"的办法，不但在经营上大获成功，还被传为美谈。在20世纪20年代，正是广州旧式茶楼的鼎盛时期。当时的著名茶楼陆羽居，首创"星期美点"，每星期更换一轮新的点心，打破了过去点心菜单长期没有变化的状况。后来众多茶楼纷纷效仿，每周以"十甜十咸"或"十二甜十二咸"的新款点心，配合时令，以煎、蒸、炸、烘的手法，制作出包、饺、角、条、卷、片、糕、饼、盒、筒、盏、挞、酥、脯等各式点心，令广大食客惊喜连连，目不暇接。到了广州暑热难熬的夏天，茶楼还会加推一两款冷冻食品，吃来清凉爽口，大受欢迎。在一轮又一轮的"星期美点"中，各大茶楼大胆创新、兼收并蓄，创造出无数有特色的精美点心，逐渐形成了我们今天所见琳琅满目的点心菜单。

一直以来，粤菜都有"五滋六味"的说法，"五滋"指的是香、松、软、肥、浓；"六味"则是指咸、酸、苦、辣、甜、

岭南鸡蛋挞

传统叉烧包

鲜，如今这些滋味都能在茶楼的点心里找到对应的代表作。广式茶楼所创造的这些涵盖几十上百个品种的点心菜单，无论在滋味还是在烹饪方式上，都对粤菜进行了一次"大包围"。

心思细密的茶楼主人们，在发明了大量的点心品种之余，还创造出独特的经营模式，形成了今天的饮茶文化。

　　茶楼的点心品种太多，食客挑选起来眼花缭乱，生产难度也会大大增加，但如果一间茶楼的点心数量不如人，马上就会在竞争中落下风。怎样解决这个矛盾，让不少经营者费煞思量。于是，人们想到把这些点心分门别类，对号入座。在点餐用的"点心纸"上，每个类别的点心都有约定俗成的分类名称，让每个类别的点心名称都清晰条理地列出来，这样不但方便茶客选择，更显示出店家的细致用心。人们会把蒸熟的点心归到"蒸蒸日上"一栏，煎炸类的归为"红红火火"，甜点则是"甜甜蜜蜜"，广式特色的布拉肠自然要"天长地久"，而各式绵软顺滑的生滚粥就是"心满意足"。这些分类名称有的巧妙用字，有的借用谐音，总之都是寓意吉祥又指向准确，令人在点餐的时候忍不住会心莞尔。

　　另一方面，茶楼在点心的定价方面也颇有技巧。如果按每一种点心来定价，未免太过繁杂，也显得小家子气，茶楼就把点心按照小点、中点、大点来分级定价，价格依次提高。大点之上还有顶点、特点、超点，在这之上如果还有更高的等级，就看店家能不能想出更厉害的"点"了。店家还会把每个等级的定价在菜单中另外单独标示，如此一来，既做到明码标价，又可让食客在点餐时看不到点心——对应的价钱，在心理上就更容易"放肆"，下单分外豪爽。

　　一名茶客在茶楼里，面对着"蒸蒸日上""天长地久"，思考着超点与顶点的高低关系，每点一道点心就相当于走了一步棋，各种点心之间既要互相呼应，又要兼顾全局。当茶客点出自己心仪的那份"一盅两件"时，无异于摆出了一副餐桌上的珍珑棋局。只是这一局棋并不难解，只需几道精致美味的点心下肚，就能皆大欢喜，双赢收场。

五、潮汕菜

在粤菜中，潮汕菜是特立独行的一支。潮汕菜馆无论是在大江南北，还是在异国他乡，必定强调自己的"潮菜"身份，而不肯屈居于粤菜的范围之内。各路食家也深知其中的奥妙，从来不会混淆潮菜与粤菜。其实不只是潮菜，潮汕人对传统的坚守也有目共睹。他们用潮汕菜、潮州话、功夫茶和各种古老的习俗，为潮汕文化保留了丰富的文化和历史标本，也为我们留下了古风犹存的珍馐美馔。

广东地处丘陵地带，地形以山地居多，珠三角和潮汕地区是广东最大的两片平原，成就了岭南大地上两个最著名的鱼米之乡。潮汕地区包括了今天的汕头、潮州和揭阳等地，在古代都属于潮州府管辖的范围，所以人们多用"潮"来指代这片区域。潮菜、潮州话、潮人等说法都由此而来。

潮汕地区既是平原又濒临南海，沿海的
居民长期过着"耕三渔七"的生活，也就是
经济上以渔业为主；人们又在靠近内陆的土
地广种稻米和饲养家禽，并根据本地的特产
和生产、生活环境精研饮食之道。因此，
潮菜的用料和口味都极具特色，令人一试
难忘。

潮味卤鹅

初识潮菜，必定会有一些食物令人感觉
难以置信，例如生腌的虾蛄和血蚶、冷冻来
吃的海蟹和海鱼、呈粉红色且刻着字的红桃
粿，还有卖到数百上千元一只的卤水鹅头。
正宗的潮汕卤水鹅头对选料十分严格，

潮式卤鹅头

必须是产自汕头澄海区的狮头鹅才能胜任。狮头鹅全身羽毛均为棕褐色，因成年鹅的头形如狮头而得名，是中国最大的鹅种，最重者可达二十公斤。狮头鹅的肉味跟一般鹅不同，肉松软且鹅味重，特别适合用来制作卤味。其中六岁以上的公鹅因为鹅头及鹅颈的肉质紧致、胶质醇厚，而且头上的鹅冠够大，加上数量稀少，做出来的卤水鹅头是珍品中的珍品。

卤水鹅头可说是潮菜馆的镇店之宝，定价既高，又不愁销路。经常可见好几只卤水鹅头连着鹅颈挂在潮菜馆的明炉档里，厨师过一会儿就要取下一只来，细细斩件上碟。每一只卤水鹅头都价格不菲，但因为其个头巨大，连着长长的鹅颈，分量十足，上桌之后就是一份派头和美味兼具的大菜，深受食家的欢迎。卤制过的鹅头和鹅颈味道浓厚、肉质鲜美，其狮头状的额颊肉瘤更有独到的脂香，任何别的部位都难以替代。

当然，即使一只澄海狮头鹅的鹅头鹅颈再大、再稀有，也需要配合秘制卤水的味道才能成就一道名菜。卤鹅所用的卤水一般先用猪骨及鸡壳等熬成高汤，再加入豉油、鱼露、冰糖及玫瑰露等，还有大茴、小茴、桂皮、香叶、白芷、草豆蔻、甘草、八角、川椒、花椒、罗汉果等多种香料和药材同煮，煮出的卤香富有层次，口味复杂而丰满。人们会将整只狮头鹅放进卤水中熬浸，待卤鹅将熟之时，再加入酱油、绍酒等调味。除此之外，不少店家还会在卤水中加入自己特殊的配料，以求创造出与众不同的口味。近年来，就有食家尝试把苏格兰单一麦芽威士忌加入卤水，口味果然超乎想象。

每次卤制完成之后，店家会继续留用剩余的卤水，根据卤水的变化，加入不同的香料调整味道，叫做"加卤"；每一次将香料放进卤锅煮制时，要用棍子搅动、翻转卤水中的原料，叫做"打卤"。久而久之，不少老店都会有自己的一锅长年累月调配而成的卤水，堪称潮菜馆当之无愧的"传家宝"。据说在澄海有一家卤鹅店，创办于清代光绪年间，至今已一百多年。相传其卤钵从开店之日起保留至今，卤味厚重，奇香浓烈，故其卤汁比鹅肉更为珍贵。因此有人买鹅肉后，要求多加点卤汁，但店家宁可多给鹅肉也不愿添卤汁给买家。

其实除了鹅头鹅颈，卤鹅的全身都十分美味，一只卤鹅足以撑起一桌宴席。例如潮菜的卤水拼盘中常见的鹅肉，就是卤鹅胸部的肉片。一份上好的鹅肉，皮下脂肪均匀分布，肉质软腍而不韧，咀嚼品味后不留肉渣，且有丝丝鹅味淡而不弱，卤水香而不霸

潮州街头卤味铺

道，蘸上蒜泥白醋，更加鲜而不腻。

至于卤水掌翼，更是备受老饕追捧的抢手货。狮头鹅因为体型巨大，所以卤水鹅掌、鹅翼也是肉多皮厚，而且相比鹅肉更加入味，又比鹅头的价钱要实惠得多，所以别有一番吸引力。品味卤水掌翼，就是品味那厚而弹牙（粤语，爽口之意）的皮层和胶质。卤水入味，且鹅掌、鹅翼的胶质部分颇多，口感爽弹嫩滑，令人在咀嚼之后几乎不舍得吞咽入肚。

在品味了卤鹅身体的各个部位之后，一只鹅就吃完了吗？其实不然。鹅身里面的下水杂碎，也是不容错过的好东西，当中首屈一指的当属卤水鹅肝。潮菜中的卤水鹅肝与法国鹅肝有异曲同工之妙，但又别具特色。潮菜中狮头鹅的鹅肝，并没有经过法国鹅肝那种专门的催肥工序，且狮头鹅多以草料饲养，因此鹅肝更加自然细嫩。狮头鹅的鹅肝经过卤水制作，也是肥美丰腴，入口即化，且在卤水的辅助下味道更显层次，让人回味无穷。

在鹅肝之外，还有鹅肾、鹅肠、鹅血……一只狮头鹅，包含多少美佳肴。吃鹅之风在我国古籍中早有记载，汉代《礼记·内则》、北魏的《齐民要术》、唐代的《烧尾宴食单》等都有关于吃鹅的描述。潮汕人擅养鹅，喜食鹅，也许正是因为继承了我们祖先的古老传统和上古的味道。

米之果实

粿，按照字形来理解，就是米之果实，而在潮汕地区，它无比贴切地成为一种潮汕特色美食的名称，并且成为潮菜的标志之一，代表了潮汕地区的传统和文化。

水稻，是潮汕平原重要的农作物之一，因此大米就成为潮汕人重要的食物来源。以潮汕人对食物的仔细钻研精神和创造性，当然不会满足于直接把大米用来煮饭，还会把大米加工之后，创造出潮汕地区特有的"粿"。除此之外，潮汕人用大米煲出的潮州

潮汕粿品拼盘

粥——糜，也是当地人最重要的主食形式之一。粿和糜，都是潮汕人对大米的再创造。

粿可以理解为稻米加工类食物的总称，泛指把秫米、粳米磨成米浆后加入馅料，装进粿印模，印出各种形状后的一种传统食物，并因应加入的不同配料和不同的制作方法而衍生出了不同品种，如甜粿、咸甜粿、菜头粿、草籽粿、芋粿、粿条等。

粿既是潮汕地区常见的小吃，同时也是民间祭祀中不可或缺的祭品，其中的红桃粿就特别受欢迎。红桃粿顾名思义，色泽艳若桃花，形状犹如彩陶文物上的鱼纹样或鱼鳞纹样，寓意兴旺喜庆、年年有余。凡是大时大节、祈福祭祖的日子，人们都会准备一盘盘的红桃粿作为祭品，祈求吉祥如意、健康长寿。

　　红桃粿的馅有两种，一种是用绿豆去皮煮熟加调料而成，一种是用糯米做的。现在的红桃粿大多都是以糯米为主料，先把香菇、猪肉、虾米、蒜苗切碎，将花生去壳剥衣，放到炒锅炒熟；糯米煮熟后用炒锅和着调料炒成一锅糯米饭。在事先准备好的粿皮中揪出一小团，捏成一个薄薄圆圆的小碗状，盛进糯米饭，再团成一团，用粿印印出形状，上蒸笼蒸熟即可，也可在吃前略微用油煎香。新鲜出炉的红桃粿色泽诱人，入口软糯鲜香，丰富的味道和口感在嘴里交集，

米皮白桃粿

每咀嚼一口都有不同的感受。

潮汕粿品的种类繁多，其中一类粿品根据时节来选择用料，在运用当季新鲜食材的同时也达到了养生之效，被称为"时粿"。例如在新年喜庆之时，人们进食鱼肉过多，且冬寒渐褪，气象不定，容易导致胃肠积淤，感染恶疾。人们便取鼠粬草，拌以糯米粉制得粿皮，以豆沙、槟醅麸等物入馅，名曰"鼠粬粿"，有消食强身之效。到了清明时节，常有春时雨水，万物与病虫滋生，人们容易得病。潮汕人这时会采撷朴籽树叶，和以粘米粉，舂而发酵，装入桃形陶制粿印模或小碗蒸熟后进食，称为朴籽粿，有清风去淤、清脾健胃之作用。

除了包馅蒸食的粿，还有一种不包馅料、切成条状供人食用的粿条，也流传甚广。人们把大米磨粉，加水制成浆后，再蒸煮成薄片，最后切成条状，即成粿条，跟广州的河粉有几分相似。粿条可以干炒，也可以水煮，各有风味。水煮而成的粿条汤，可加入鹅肉、牛肉等配料，味道纯正。粿条至今在潮汕地区也是随处可见，并且跟随南洋华侨的足迹，成为东南亚各国常见的食物。粿条跟河粉相比，更加软糯而富有米香，可见其真材实料。

还有一种米之果实不得不提，就是糜

了。糜就是粥的潮州叫法，早餐吃的粥为
"早糜"，宵夜吃的粥为"夜糜"，潮式筵席
亦以白糜为"单尾"来解腻，有些地方还有
吃冷白粥的习惯。糜最普遍的形式就是白
糜，地位相当于其他地区的白米饭。

　　潮汕地区食粥之俗源远流长，历久不
衰。据黄云鹄编写的《粥谱》中记载，清光
绪年间，潮汕粥的品种达二百多个。潮人煮
糜很有讲究，大米和清水要按照严格的比例
下锅，以砂锅或生锅旺火煮熟。当大米开始
爆腰时将锅端起，静置十来分钟后，一锅又
黏又香的糜就大功告成了。以清水煮成的白
糜，材料最为简单，但如此熬出的白糜，米
脂香浓绵滑、甜美醇厚，入口淡而回甘，令
人回味悠长。正如明代张方贤《煮粥诗》所
言："莫言淡薄少滋味，淡薄之中滋味长。"

　　如果嫌白糜不够惹味，还有专门烹制香
味粥品的摊档来满足人们的味蕾，天下各种美
味，皆可入糜。潮汕地区的宵夜流行把海鲜
等配料加入糜中，此为"香糜"，味道鲜美不
凡。较为常见的一种蚝仔肉碎糜，就是先在
粥内放入猪绞肉、冬菇丝煮熟，再加入珍珠
蚝、芹菜、冬菜稍煮，上桌前加入炸过的大地
鱼丁，吃的时候撒上胡椒粉、油条碎即可。小
小砂锅里的香糜，上桌之时还在微微沸腾，海
鲜和配料的鲜味已经完全融入粥水中，配上

潮式香糜

刚刚熬成粥的米香，吃起来既有海鲜的灵动，又有大米的醇厚，两者配合相得益彰。

据说粿和糜在潮汕地区的流行，都有历史和文化的原因。当年潮汕人主要靠出海打鱼或经商为生，经常一出海就不知道多久才能靠岸，因此必须带一些方便保存、足够饱腹的食物上船，同时还要兼顾保健养生的作用，各种各样的粿便应运而生。糜则是因为船工和码头工人都十分繁忙，没有时间煮干饭充饥，只能把大米煮得刚刚爆腰（指粮粒在高温过程中出现表面裂纹），再配一些咸菜下肚，以节省时间，同时补充水分。

时至今日，粿和糜都已经不是潮汕人非此不可的食物，但依然是人们最钟爱的祭品和主食。这两种米之果实，已经牢牢地在潮汕人的心中和舌尖生根，成为不可动摇的饮食基因了。

牛与酱

近年来，潮汕牛肉火锅突然红遍大江南北，在不少地方掀起了一股品味潮汕牛肉的热潮，但是很快这些遍布五湖四海的牛肉火锅店就减少了不少，令人感叹商业社会的瞬息万变。有人分析称，这些火锅店之所以无法长久坚持，很重要的一个原因就是牛肉供应出现问题，新鲜优质的牛肉满足不了如此大量的需求，挑剔的食客自然不留情面，弃之而去。所幸的是，潮汕地区的食客们依然淡淡定定地享受着牛肉带来的美味，不受影响地享受美满的一日三餐。

其实不只是牛肉火锅，想要品尝世间的至味，最好还是追根溯源，来到美味的发祥地一探究竟，才能感受到其中真正的妙处。

　　在潮汕地区，牛肉火锅最负盛名的当属潮州官塘和汕头市，它们分别代表了潮汕牛肉火锅的两种流派。潮州官塘代表的是"即食派"，标榜牛肉的极致新鲜，往往是黄牛刚刚宰杀，就马上切片上碟，有时还能看到切好的肉片在微微颤动；汕头市代表的是"细致派"，认为牛肉在宰杀后三个半小时到四个小时才切边上桌，牛肉的状态才是最佳，有些部位还需稍微冷冻，才能细致完美地切成肉片。

　　这两种吃法孰优孰劣，自然见仁见智，但潮汕人对牛肉部位的详细分类和精致的切片刀工，毫无疑问是大家一致的追求。第一次面对潮汕牛肉火锅店的菜单，相信很多人都难以置信牛肉还有如此多的分类。

　　最受食家推崇的要数"脖仁"，就是牛脖子上那块微微突起，最经常活动的肉的核心部位。切成片后，可以看到当中的脂肪如点点雪花，均匀地分布在牛肉片中，吃起来肥嫩而微有嚼头，肉香、脂香分外浓郁。"脖仁"这个部位非常考验店家的处理功力，先得要冷藏，才能让厨师切成薄片，冷藏时需要用湿布包裹住肉块，在保存肉块的水分的同时隔绝冰箱的异味。等到这块"脖仁"刚刚好冷冻成型，厨师就要把它切成薄片，同时剔除周边的废肉，吃起来才能细嫩无

牛肉店工作间

渣。也只有这样细致入微地处理，才不至于
浪费了"脖仁"这个如此矜贵的部位。

　　另外还有位于牛背脊旁边的"吊菱膀"、
牛脖子后面的"嗜仁"、来自牛小腿或肩胛
腱肌的"正五花"、牛肚子上的"肥胼"、牛

胸口的"胸口朥"、处于两个牛胃之间的
"肚埂"……一头朴素的黄牛变得如此五花
八门，真令人惊喜连连，总之就是样样有门
道，处处有特色。

牛肉火锅的汤底也很重要，就是一盘简
单的牛骨汤。潮汕人认为只有这样才能不加
干扰地还原牛肉本来的面貌，才能品味出牛
肉的原味。但是店家当然不会就此把味道放
任自流，而是让食客自己来调出最适合的口
味，靠的就是几味潮汕地区独有的特色酱料。

酱料在潮菜中的地位举足轻重，潮汕酱
料的历史，可以追溯到唐代元和年间。当年
韩愈被贬至潮州，品尝了当地的潮州菜以
后，写下《初南食贻元十八协律》，向好友

清汤牛肉火锅

叙述了他对潮州这个南蛮之地饮食的观感，其中有如下几句："我来御魑魅，自宜味南烹。调以咸与酸，芼以椒与橙。"表明韩愈当时已经品尝过潮菜中又咸又酸的调味料了。

潮菜中最著名的酱料，当属沙茶酱，它是牛肉火锅、粿条等食物的绝配。沙茶酱的用料、制作都相当繁复，人们把花生仁、白芝麻、鱼、虾米、椰丝、大蒜、葱、芥末、辣椒、姜黄、香草、丁香、陈皮、胡椒粉等原料磨碎后，炸酥研末，然后加油、盐熬制而成。沙茶酱既可直接蘸点调味，又可以下锅烹调吊味，口味丰富鲜甜，搭配广泛。

还有一种普宁豆酱，也是潮菜的必备酱料。每逢农历六月大热天，水稻收割完成之后，人们就开始将黄豆浸泡、煮烂，然后加入炒熟的麦粉拌至均匀，用稻草和棉布捂上三天，等到豆子充分发酵，再装进陶瓮并添加盐水密封，置于太阳下曝晒一个月，便可闻到那独特的酱香味了。潮汕各地制作的豆酱，味道和酱色略有不同，被大家普遍认可的是普宁豆酱，现已成为潮汕豆酱的代表。豆酱常被用来搭配各种味道清淡鲜甜的潮汕食材，旧时贫苦农家则用豆酱来拌粥、拌面，也是一种草根的吃法。

潮菜酱料风味繁多，除了上面两种之外还有鱼露、韭菜盐水等多种酱料，使用起来

潮式牛肉中的"五花趾""三花趾"

却各有章法。在潮菜中，酱料与菜式的搭配都有讲究，如牛肉火锅用沙茶酱提味，生炊肉蟹配生姜米醋以祛寒去腥，普宁豆腐蘸韭菜盐水下火，虾枣点桔油调味，鱼饭配豆酱提鲜，卤鹅配蒜泥醋解腻……如果说各种酱料在潮菜中起着画龙点睛的作用，也是毫不夸张。

纵观牛肉火锅与各式酱料，都表现出潮菜精巧细致的一面。如庖丁解牛般把一头牛分解成十数个品种，在清水中略微烫熟后，再配合由几十种香料精制而成的沙茶酱进食，这种看似平淡如水的日常饮食，却在细节中透露出种种坚守和追求。制作于粗犷与细致之间，同享大雅与大俗之趣，潮菜的特色大概就在于此。

六、客家菜

　　客家人，是一支源自中原，在历史上辗
转迁徙的古老民系，他们以客自居，同时也
对自己落地生根的土地怀着深厚的感情，就
连客家菜，也充满了浓浓的乡土情怀。

　　客家人的念旧怀古，从传统的客家菜就
可见一斑。客家菜公认的特点是咸、肥、
香，都因适应了客家人长途跋涉、久居山地
的历史发展而来的。咸，是为了让食物易于
保存，免于腐烂，并且能够快速补充身体在
大量流汗之后损失的盐分，如盐焗鸡、炒咸
酸菜等菜式；肥，则是因为客家人早期多从
事体力劳动，偏肥腻的食物充饥的效果更
好，最典型的菜式当属梅菜扣肉；香，则是
为了增进食欲发展而成，多是在食物中加了
猪油而更显其香，如酸菜烧大肠、韭菜煮猪
红等，食材看似平凡，搭配起来却是人人都
喜爱的味道。同时因为客家地区远离大海，

客家菜的用料多肉少鱼，也成为其区别于其他粤菜的一大特色。

客家人作为从远方迁徙而来的人群，一开始只能在崎岖的山地落脚，山区地带风凉水冷、物产有限，于是典型的客家菜都秉持朴素自然、充分利用的原则，善于运用晒干或腌渍等做法处理原料。在烹饪手法方面，客家菜注重火功，尤其擅长焖、煲、酿等方式，创造出独特的客家饮食文化。

生活在岭南地区的客家人，主要聚集在梅州、惠州等地，福建、台湾等省份也有很多客家人聚居。因此，客家菜的影响范围也十分广泛，客家菜馆遍布粤港澳和台湾等地，在海外华人聚居的地方也遍地开花。客家菜突出主料原汁原味的做法，偏重酥软香浓的味觉取向，也比较符合当前社会各界的饮食习惯，因此广受欢迎。

今时今日的客家菜，早已摆脱山区地形的限制，不再囿于"温饱"二字，但依然保留了传统中鲜香浓郁、朴实无华的优良气质，让客家菜的影响力与日俱增，成为粤菜中的一支生力军。

东江风流

在粤菜食家的记忆中，广州市的东江饭

店是一个不会被遗忘的名字，这里曾经是客家菜的代名词，"吃客家菜必到东江"曾经是一种常识；东江盐焗鸡更是此店赖以成名的招牌菜，让嗜鸡如命的广州人发现了新大陆，俨然成为仅次于白切鸡的知名菜式。因广东的客家人聚居在东江流域，这家客家菜馆也以东江为名，见证了客家菜的风流岁月。

东江盐焗鸡的出现颇有一番故事可讲。盐焗鸡是客家名菜，起源于清朝。当时在惠州有一盐商收入丰厚，家里经常大鱼大肉，食材多有剩余。盐商家里的厨师看不过眼这种铺张浪费，将宴席剩下的熟鸡插入盐堆中密封保存，吃的时候才洗去鸡身表面盐分，发现鸡肉咸香鲜美，连骨头都能够入味，大

东江盐焗鸡

为惊喜。这种做法在粤语中称为"焗"，"盐焗鸡"因此得名。

后来盐焗之法流传到民间，客家人调整了盐的分量进行腌制，便成为后来的客家咸鸡。这种做法传到广州之后，厨师用玉扣纸或草纸包住腌过的鸡再以盐密封焗熟，今人称此为古法盐焗鸡。

20世纪40年代，一位盐商在广州城隍庙附近开了一家云来阁饭店，后来改名为宁昌馆，专营客家菜，并以手撕盐焗鸡打响名堂。直到1972年，此店改名为东江饭店，成为当时以菜系地域名称作为店名的唯一代表，而客家菜本来就有东江菜的别名，东江饭店一说，更加名副其实。自此以东江盐焗鸡为代表的东江菜，在食客当中大受追捧，出尽风头，成为一代客家菜传奇。

今天粤菜中的盐焗鸡，在宰鸡后会先除去内脏，把鸡壳晾干后，在鸡腔内涂抹特别调制的盐焗鸡料，再用草纸将整只鸡严实包好，埋进炒过的热盐堆中，用文火焖焗半小时左右至熟。熟练的厨师把整只鸡从盐堆中取出后，会顺着鸡骨的关节和鸡肉的纹理，将其拆成和撕成大小不一的鸡丝肉片、鸡皮骨架。拆、撕完成后，有的店家会把鸡肉倒进大盘，与盐焗鸡料再次搅拌一番，以求更加入味。摆盘之时，厨师会把手撕鸡拼回一只鸡的形状，恢复美观的卖相。

　　手撕盐焗鸡经过一番料理，通常已经恢复常温，入口倍感清爽咸鲜。经过盐焗的鸡皮，油腻之感已尽数排出，爽脆嫩滑；鸡肉和鸡骨因为由人工手撕，保持了天然的鸡肉纹理和骨骼关节，吃起来更加容易咀嚼，鸡味分外浓郁；由沙姜、淮盐等配料组合而成的盐焗鸡料，与鸡肉的原味配合恰当，而且还略带颗粒口感，少顷即化作沙姜特有的香味，味觉上的享受异常丰富。面对制作精良的手撕盐焗鸡，鸡骨往往比鸡肉更抢手，因为其盐焗风味已经深入骨髓，手抓着一块骨架细细品味，这种感受更胜过嚼几口就咽下肚子的唥唥鸡肉百倍。

　　东江饭店的八宝酿豆腐，是另一道镇店名菜，品的是黄豆和馅料的鲜香。八宝酿豆腐脱胎于东江豆腐煲，由数块煎香后的客家酿豆腐，放进垫有"菜胆"的瓦罉内，加上胡椒等香料和上汤，慢火焖烧后上桌。八宝酿豆腐的汤底须用黄豆煲成，酿豆腐的肉料除了猪肉之外，还应加入鱿鱼、虾米、冬菇、咸鱼茸、大地鱼肉和葱花，味道才够浓郁。但这道菜中最为关键的角色，还是豆腐本身。

　　在客家菜中最有风味的豆腐，非车田豆腐莫属。车田乃是河源市龙川县的一处地

客家煎酿豆腐

名，这里出产的豆腐以天然山泉水和当地的绿衣黄豆为主要原料，采用传统工艺制作而成，是客家豆腐之中的佼佼者。据说车田豆腐之所以品质优良，是因为这里的水质特别好，如果是换作几十公里外的水来做豆腐，就难以达到原产地的水准。车田豆腐做成八宝酿豆腐之后，皮韧肉嫩、嫩滑爽口，入口就能感受到浓厚的黄豆香气，下咽之后还能在喉头回味出阵阵甜美，确实是豆腐中的上品。

据说当年的东江饭店，算上东江盐焗鸡和八宝酿豆腐共有十大名菜，涵盖了客家菜的种种精华，其中的梅菜扣肉、爽口牛丸、咸菜肚片、红糟泡双胗等至今仍是客家菜中的代表作，还与广府菜、潮汕菜等互相借鉴，影响甚巨。如今东江饭店虽然已经难觅芳踪，但各路客家菜馆已在世界各地开得成行成市，品味客家美食也不再局限于一家名店，对于客家菜和食客来说皆属幸事。

四炆四炒客家情

在源远流长的客家菜中，流传着"四炆四炒"这八道名菜，体现了客家人在迁徙和山居的岁月中，爱惜食物、物尽其用的饮食智慧。后来，"四炆四炒"更成为一个独特的系列，成为客家人在喜庆筵席上的传统菜式。

这里的"炆"是指用大锅加水或鸡汤，长时间以小火慢炖，且维持在汤汁还没沸腾，仅一点点冒泡的状态，主要目的是让肉类软

客邑一品全猪煲

化，而且营养不易流失。因为以前传统的客家妇女农务繁忙加上家族人口众多，因此常以大锅来烹煮食材，并使其持续保温。这样既能不断强化食物的口味，风味也格外鲜醇。

　　然而今人却经常分不清"炆"与"焖"的区别，其实两者的区别在于慢煮的时候是否盖上锅盖。慢煮时不盖锅盖，是为"炆"；如果盖上锅盖，则是"焖"。以慢煮猪肉为例，开盖而"炆"，则猪肉能够保持原有的形态，肉汁不外泄，口感爽滑；如果合盖而"焖"，效果就是肉质软糯而汁水外流，感觉较为肥腻。两者的效果大相径庭，在粤菜烹饪中各有不同的用法。

　　所谓的"炒"是指用油去大火快炒的

菜。客家人克勤克俭，平时省吃俭用，只有逢年过节才会宰杀猪、鸡、鸭祭拜神明，或于农历初一、十五准备三牲（猪、鸡、鱿鱼）拜土地公。为了不浪费食材，人们将祭拜后的三牲祭品加上各种辛香食材及调味料制造香气，再经快速拌炒，做出色、香、味俱全的好菜。

具体来说，客家菜的"四炆"是酸菜炆猪肚、炆卤肉、排骨炆菜头、肥汤炆笋干，烹煮之时，大锅里一边小火慢煮，一边香味四溢，令人垂涎三尺；而"四炒"则是客家炒肉、姜丝炒猪肠、鸭血炒韭菜、猪肺菠萝炒木耳，厨师将大炒锅里的葱蒜或姜丝爆香（粤语，意指用大火加热把辛香料的水分散掉，以使激发浓郁香气）后，把菜丢进烧得火热的油锅，立马爆出吱吱声，油烟飘散，香闻十里。客家人通过这八道经典名菜，把各种杂碎充分加以利用，还加入了酸菜、笋干等客家特产，吃起来更加惹味浓烈，让人只能多添两碗饭方可尽兴。

梅菜扣肉，则是另一个极具代表性的客家菜式，无论是味道口感，还是其用料和做法，都尽显客家菜的风格特色。客家菜强调"靠山吃山"，上好的梅菜正是客家著名的山里特产，再加上著名的荔浦芋头，更是这道菜的点睛之笔。按照古法制作梅菜扣肉的程

客家梅菜扣肉

序相当繁复耗时，单是给猪腩肉焐水、上色、炸香、炒煮等步骤，就已经要花费不少心思。猪腩肉备好之后，厨师会把猪肉和芋头一片片间隔排列在砂质小碗中，再铺上满满的梅菜，将码放好的所有材料一起蒸熟，让梅菜香、肉香、芋头香互相渗透吸收，相互强化，用时长达三个小时，才能达到最佳的效果。等到梅菜扣肉入口的一刻，梅菜的酱香、猪腩肉的肉香和荔浦芋头的淀粉香一起涌上来，足以让味蕾获得全方位的享受。

客家菜中还有一支与别不同的异数，就是客家娘酒。客家娘酒在客家的饮食文化中占有非常重要的地位，某一家的酒酿得好不好，往往预示着来年的运程。客家人酿的这种糯米酒，在客家地区称之为老酒或黄酒，无论是逢年过节、祭祀拜神，还是喜庆招待，男女老少都会喝几杯这种香甜可口的客家娘酒。

而客家娘酒更会被用来煮成鸡汤，称为娘酒鸡，是客家妇女坐月子补身的妙品。娘酒鸡是一道传统的客家菜，有时也会加入酒糟，风味更加浓郁，有促进血行、温暖腹腔的效果。娘酒鸡的做法并不复杂，只需将斩块的鸡肉放入锅里过油煸炒，直至表面微黄，然后放入娘酒或酒糟、高汤、枸杞焖煮，直到鸡肉烂熟即可。如此烹调之后的娘酒鸡，酒气已经消散殆尽，鸡肉融合了客家娘酒的香甜醇厚，别有一番温馨口味。

客家菜种类繁多，但脉络清晰，当中既有偏重乡土风味的山货，又有以功夫和味道见长的盐焗、腌渍特产，更加有因地制宜的地道食材和烹调之法。与粤菜或其他菜系相比，客家菜总是给人亲切踏实、平易近人之感，而这也是客家菜一直以来的安身立命之本，也是客家菜的美味之源。

后 记

　　写粤菜，其实写的是粤地、粤人、粤情。

　　中国饮食文化博大精深，光是中餐里菜系的划分，就有多种不同的维度和体系。纵观各路知名菜系，大多以地域来区分和命名，由此可见饮食之道，离不开一方水土一方人。广东背靠五岭，面朝南海，这里不但有山川丘陵起伏蜿蜒，还有河网鱼塘穿梭密布，一年四季绿意盈盈，渔歌袅袅。无数食材就诞生在这块岭南福地上，成为粤菜安身立命的基础和灵感源泉。粤菜中不乏就地取材的代表作，从广州西关的泮塘五秀，到粤北山区扑腾的走地鸡，还有游弋在珠江流域的河鲜鱼虾……仿佛广东人不论走到哪里，都能发掘出当地物产的美好味道。也不知道历朝历代多少大厨老饕，花费了多少脑筋和柴火，才提炼出岭南大地的千滋百味，使之成为今天的粤菜。

广东地处东南一隅，自古以来都不是全国的政治、文化中心，正所谓"山高皇帝远"。这句话如果放在其他省份，恐怕早就着急上火了，可是对于旧时的广东人来说，却隐隐有一丝暗自窃喜。就是这样的一个地方，能够发展出一套被冠以"粤菜"之名的美食系统，而且还在全中国的诸多菜系中稳稳地占有一席之地，足见"粤菜"这样东西，是真的好吃。

要成就一个美食流派，做菜的厨师固然重要，而懂得欣赏其中真味的三千食客，更是必不可少的知音。从某种角度来说，那些辛勤照料着家里一日三餐的厨娘，才是成就粤菜的最大功臣。每一道家常菜的传统，和每一种家里厨房飘荡出来的特有香气，都传递着广东人对饮食的态度和追求，是每一个广东人的味觉启蒙。

我的味觉启蒙来自我的外公。他也许说不上是一位美食家，但每逢他掌勺，出品的必定是粤味十足的家常菜。我印象最深的是外公用电饭煲自创的番茄牛肉饭。那是电饭煲有且只有一个按键的年代，外公在淘米下锅之后，就按下按键，同时开始为新鲜的牛肉片进行调味和腌制。处理完牛肉片，外公会把番茄切得大小适中，再切好细细的姜丝，就万事俱备了。这时候电饭煲里米饭火候也已经差不多，只见外公一把掀开锅盖，无比娴熟地把腌制入味的牛肉，还有番茄、姜丝一起拌到电饭煲里，三下五除二，就"哐"地一声盖上锅盖，准备坐等番茄牛肉饭出锅。过不多时，阵阵混合了牛肉香和番茄酸爽的香气飘荡开来，惹得我猛吞口水。开锅之后，自然是一顿狼吞虎咽，不在话下。不只是番茄牛肉饭，外公的拿手好菜还有香煎鲮鱼、虾酱蒸花肉、土豆咖喱鸡、猪肺汤，甚至还有供一家人围炉夜话的香肉火锅……这里面固然有一些并不属于典型的粤菜，但其中一脉相承的，是老一辈广东人对"吃"这件事所坚持的原则，还有对食材和烹饪之法的充分挖掘、守正出奇，以及通过粤菜而传承下来的乡土之情、人情之味。

粤菜的味道难以用笔墨尽述，谨希望通过这本小书，让更多的人对粤菜多了解一点。正如到餐馆里吃饭，菜单如何精美都不过是纸上谈兵，只有亲自尝一尝、试一试，方能体会其中的真味。那么，你想从哪一道菜开始呢？

《岭南文化知识书系》已出书目

书　名	作　者	出版时间	定　价
1.禅宗六祖慧能	胡巧利	2004 年 10 月	10.00
2.广东塔话	陈泽泓	2004 年 10 月	10.00
3.明代大儒陈白沙	曹太乙	2004 年 10 月	10.00
4.南越国	黄淼章	2004 年 10 月	10.00
5.广州中山纪念堂	卢洁峰	2004 年 10 月	10.00
6.巾帼英雄冼夫人	钟万全	2004 年 11 月	10.00
7.岭南书法	朱万章	2004 年 12 月	10.00
8.西关风情	梁基永	2004 年 12 月	10.00
9.十三行	中　荔	2004 年 12 月	10.00
10.孙中山	李吉奎	2004 年 12 月	10.00
11.梁启超	刘炎生	2004 年 12 月	10.00
12.粤剧	龚伯洪	2004 年 12 月	10.00
13.梁廷枏	王金锋	2005 年 1 月	10.00
14.开平碉楼	张国雄	2005 年 1 月	10.00
15.佛山秋色艺术	余婉韶	2005 年 3 月	10.00
16.潮州木雕	杨坚平	2005 年 3 月	10.00
17.粤剧大师马师曾	吴炯坚、吴卓筠	2005 年 3 月	10.00
18.清官陈瑸	吴茂信	2005 年 3 月	10.00
19.北伐名将邓演达	杨资元、冯永宁	2005 年 4 月	10.00
20.黄埔军校	李　明	2005 年 4 月	13.00
21.龙母祖庙与龙母传说	欧清煜	2005 年 4 月	10.00
22.岭南近代著名建筑师	彭长歆	2005 年 4 月	10.00
23.潮州开元寺	达　亮	2005 年 8 月	10.00

（续表）

书 名	作 者	出版时间	定 价
24.光孝寺	胡巧利	2005 年 9 月	10.00
25.中国电影先驱蔡楚生	蔡洪声	2005 年 9 月	10.00
26.抗日名将蔡廷锴	贺 朗	2005 年 9 月	10.00
27.南海神庙	黄淼章	2005 年 9 月	10.00
28.话说岭南	曾牧野等	2005 年 10 月	10.00
29.历史文化名城平海	张伟海、薛昌青	2005 年 10 月	10.00
30.晚清名臣张荫桓	李吉奎	2005 年 10 月	10.00
31.五层楼下	李公明	2005 年 10 月	10.00
32.龙舟歌	陈勇新	2005 年 10 月	10.00
33.潮剧	陈历明	2005 年 10 月	10.00
34.客家	董 励	2005 年 10 月	10.00
35.开平立园	张健人、黄继烨	2005 年 11 月	10.00
36.潮绣抽纱	杨坚平	2005 年 11 月	10.00
37.粤乐	黎 田	2005 年 11 月	10.00
38.枫溪陶瓷	丘陶亮	2005 年 11 月	10.00
39.岭南水乡	朱光文	2005 年 11 月	10.00
40.岭南名儒朱九江	朱杰民	2005 年 12 月	10.00
41.冼夫人文化	吴兆奇、李爵勋	2005 年 12 月	10.00
42.潮汕茶话	郭马风	2006 年 1 月	10.00
43.陈家祠	黄淼章	2006 年 1 月	12.00
44.黄花岗	卢洁峰	2006 年 1 月	13.00
45.潮汕文化	陈泽泓	2006 年 3 月	10.00
46.广州越秀古书院	黄泳添、陈 明	2006 年 3 月	10.00
47.清初岭南三大家	端木桥	2006 年 3 月	10.00
48.韩文公祠与韩山书院	黄 挺	2006 年 3 月	10.00
49.陈济棠	肖自力、陈 芳	2006 年 3 月	10.00

（续表）

书　名	作　者	出版时间	定　价
50.小说名家吴趼人	任百强	2006 年 4 月	10.00
51.广东古代海港	张伟湘、薛昌青	2006 年 4 月	10.00
52.粤剧大师薛觉先	吴庭璋	2006 年 7 月	10.00
53.英石	赖展将	2006 年 7 月	10.00
54.潮汕建筑石雕艺术	李绪洪	2006 年 9 月	10.00
55.叶挺	卢　权、禤倩红	2006 年 9 月	10.00
56.盘王歌	李筱文	2006 年 9 月	10.00
57.历史文化名城新会	吴瑞群、张伟海	2006 年 9 月	10.00
58.石湾公仔	刘孟涵	2006 年 10 月	10.00
59.粤曲名伶小明星	黎　田	2006 年 11 月	10.00
60.袁崇焕	张朝发	2006 年 11 月	10.00
61.马思聪	陈　夏、鲁大铮	2006 年 12 月	12.00
62.潮汕先民探源	陈训先	2006 年 12 月	12.00
63.五仙传说	广州市越秀区文联	2006 年 12 月	12.00
64.历史文化名城雷州	余　石	2006 年 12 月	12.00
65.雷州石狗	陈志坚	2006 年 12 月	12.00
66.岭南文化古都封开	梁志强、朱英中、薛昌青	2006 年 12 月	14.00
67.始兴围楼	廖晋雄	2007 年 1 月	12.00
68.海外潮人	陈　骅	2007 年 1 月	12.00
69.镇海楼	李穗梅	2007 年 1 月	12.00
70.潮汕三山国王崇拜	贝闻喜	2007 年 1 月	12.00
71.广东绘画	朱万章	2007 年 5 月	12.00
72.潮州歌册	吴奎信	2007 年 6 月	12.00
73.海幢寺	林剑纶、李仲伟	2007 年 6 月	12.00
74.黄埔沧桑	龙莆尧	2007 年 7 月	12.00
75.粤北采茶戏	范炎兴	2007 年 7 月	12.00

(续表)

书　名	作　者	出版时间	定　价
76.广东客家山歌	莫日芬	2007 年 7 月	12.00
77.孙中山大元帅府	李穗梅	2007 年 8 月	12.00
78.梁园	王建玲	2007 年 8 月	12.00
79.康有为（南粤先贤）	赵立人	2007 年 8 月	12.00
80.韩愈(南粤先贤)	洪　流	2007 年 9 月	12.00
81.广州起义	黄穗生	2007 年 9 月	12.00
82.中共"三大"	杨苗丽	2007 年 9 月	12.00
83.羊城旧事	杨万翔	2007 年 9 月	12.00
84.苏兆征	禤倩红、卢　权	2007 年 10 月	12.00
85.潮汕侨批	王炜中	2007 年 10 月	12.00
86.利玛窦	萧健玲	2007 年 10 月	12.00
87.肇庆鼎湖山	余秀明	2007 年 11 月	12.00
88.历史文化名城梅州	胡希张	2007 年 11 月	12.00
89.乐昌花鼓戏	罗其森	2007 年 11 月	12.00
90.司徒美堂	张健人、黄继烨	2007 年 12 月	10.00
91.乐昌风物与古文化遗存	沈　扬	2008 年 1 月	12.00
92.李文田	梁基永	2008 年 1 月	12.00
93.名镇乐从	李　梅、蔡遥炘	2008 年 3 月	12.00
94.英德溶洞文化	赖展将	2008 年 4 月	12.00
95.陈昌齐	吴茂信	2008 年 4 月	12.00
96.丘逢甲(南粤先贤)	葛　人	2008 年 4 月	12.00
97.张九龄(南粤先贤)	王镝非	2008 年 4 月	12.00
98.陈垣	张荣芳	2008 年 4 月	12.00
99.历史文化名城肇庆	丘　均、赖志华	2008 年 7 月	12.00
100.粤曲	黎田、谢伟国	2008 年 7 月	12.00
101.广州牙雕史话	曾应枫	2008 年 8 月	12.00
102.越秀山	曾　新	2008 年 8 月	15.00
103.六榕寺	李仲伟、林剑纶	2008 年 9 月	15.00
104.丁日昌(南粤先贤)	黄赞发、陈琳藩	2008 年 9 月	15.00

（续表）

书　名	作　者	出版时间	定　价
105.陈恭尹（南粤先贤）	端木桥	2008 年 10 月	15.00
106.屈大均（南粤先贤）	董上德	2008 年 10 月	15.00
107.阮元（南粤先贤）	陈泽泓	2008 年 10 月	15.00
108.余靖（南粤先贤）	黄志辉	2008 年 11 月	15.00
109.关天培（南粤先贤）	黄利平	2008 年 11 月	15.00
110.名镇太平	邓锦容	2008 年 11 月	15.00
111.黄遵宪（南粤先贤）	郑海麟	2008 年 12 月	15.00
112.郑观应（南粤先贤）	刘圣宜	2009 年 1 月	15.00
113.北江女神曹主娘娘	林超富	2009 年 1 月	15.00
114.南音	陈勇新	2009 年 1 月	15.00
115.葛洪（南粤先贤）	钟　东、钟易翚	2009 年 7 月	15.00
116.翁万达（南粤先贤）	陈泽泓	2009 年 7 月	15.00
117.佛山精武体育会	张雪莲	2009 年 7 月	15.00
118.客家民间艺术	林爱芳	2009 年 8 月	15.00
119.詹天佑（南粤先贤）	胡文中	2009 年 8 月	15.00
120.广东"客商"	闫恩虎	2009 年 9 月	15.00
121.广府木雕	邹伟初	2009 年 9 月	15.00
122.潮州音乐	蔡树航	2009 年 10 月	15.00
123.端砚	沈仁康	2009 年 10 月	15.00
124.冯如（南粤先贤）	黄庆昌	2009 年 11 月	15.00
125.广东出土明本戏文	陈历明	2009 年 11 月	15.00
126.五邑银信	刘　进	2009 年 11 月	15.00
127.名镇容桂（顺德名镇）	张欣明	2009 年 11 月	15.00
128.名镇均安（顺德名镇）	张凤娟	2009 年 11 月	15.00
129.名镇勒流（顺德名镇）	梁景裕	2009 年 11 月	15.00
130.名镇龙江（顺德名镇）	张永锡	2009 年 11 月	15.00
131.名镇伦教（顺德名镇）	田丽玮	2009 年 11 月	15.00
132.名镇大良（顺德名镇）	李健明	2009 年 11 月	15.00
133.名镇陈村（顺德名镇）	李健明	2009 年 11 月	15.00

（续表）

书　名	作　者	出版时间	定　价
134.名镇杏坛（顺德名镇）	岑丽华	2009 年 11 月	15.00
135.名镇北滘（顺德名镇）	梁绮惠、王基国	2009 年 11 月	15.00
136.岭南民间游艺竞技（岭南古俗）	叶春生、凌远清	2009 年 11 月	15.00
137.岭南民间墟市节庆（岭南古俗）	叶春生、黄晓茵	2009 年 11 月	15.00
138.岭南古代诞会习俗（岭南古俗）	叶春生、凌远清	2009 年 11 月	15.00
139.岭南衣食礼仪古俗（岭南古俗）	叶春生、陈玉芳	2009 年 11 月	15.00
140.岭南书画名家（蕴庐文萃）	陈荆鸿	2009 年 12 月	15.00
141.岭南名人谭丛（蕴庐文萃）	陈荆鸿	2009 年 12 月	15.00
142.岭南艺林散叶（蕴庐文萃）	陈荆鸿	2009 年 12 月	15.00
143.岭南诗坛逸事（蕴庐文萃）	陈荆鸿	2009 年 12 月	15.00
144.岭南名胜记略（蕴庐文萃）	陈荆鸿	2009 年 12 月	15.00
145.岭南名刹祠宇（蕴庐文萃）	陈荆鸿	2009 年 12 月	15.00
146.岭南名人遗迹（蕴庐文萃）	陈荆鸿	2009 年 12 月	15.00
147.岭南谪宦寓贤（蕴庐文萃）	陈荆鸿	2009 年 12 月	15.00
148.岭南风物与风俗传说（蕴庐文萃）	陈荆鸿	2009 年 12 月	15.00
149.海桑随笔（蕴庐文萃）	陈荆鸿	2009 年 12 月	15.00
150.工运先驱林伟民	卢　权	2009 年 12 月	15.00
151.张太雷	林鸿暖	2009 年 12 月	15.00
152.苏轼（南粤先贤）	陈泽泓	2009 年 12 月	15.00
153.广州越秀古街巷（第二集）	广州市越秀区文联	2010 年 2 月	15.00
154.岭南名街北京路	陈　明	2010 年 3 月	15.00
155.河源恐龙记	黄　东	2010 年 3 月	15.00
156.漓江	庞铁坚	2010 年 4 月	15.00
157.历史文化名城桂林	黄伟林	2010 年 5 月	15.00
158.洪秀全（南粤先贤）	钟卓安、欧阳桂烛	2010 年 6 月	15.00
159.海瑞（南粤先贤）	陈宪猷	2010 年 6 月	15.00
160.广州轶闻	杨万翔	2010 年 6 月	15.00
161.崔与之（南粤先贤）	龚伯洪	2010 年 6 月	15.00
162.张之洞（南粤先贤）	谢　放	2010 年 6 月	15.00

（续表）

书　名	作　者	出版时间	定　价
163.清初曲江奇士廖燕	姚良宗	2010 年 8 月	15.00
164.苏六朋（南粤先贤）	朱万章	2010 年 8 月	15.00
165.雷剧	陈志坚	2010 年 8 月	15.00
166.灵渠	刘建新	2010 年 8 月	15.00
167.赵佗（南粤先贤）	吴凌云	2010 年 10 月	15.00
168.陈澧（南粤先贤）	李绪伯	2010 年 10 月	15.00
169.忠信花灯	吴娟容	2010 年 10 月	15.00
170.珠江三角洲广府民俗	余婉韶	2010 年 10 月	15.00
171.湛若水（南粤先贤）	黄明同	2010 年 10 月	15.00
172.林则徐（南粤先贤）	胡雪莲	2010 年 10 月	15.00
173.广州文化公园	曾　尔	2010 年 10 月	15.00
174.阮啸仙	陈其明	2010 年 10 月	15.00
175.周敦颐（南粤先贤）	范立舟	2010 年 11 月	15.00
176.抗倭英雄陈璘	黄学佳	2010 年 11 月	15.00
177.广州越秀古街巷（第三集）	广州市越秀区文联	2010 年 11 月	15.00
178.粤桂铜鼓	蒋廷瑜	2010 年 11 月	15.00
179.居巢　居廉（南粤先贤）	朱万章	2010 年 11 月	15.00
180.岭南大儒陈宏谋	黄海英	2010 年 12 月	15.00
181.黄佐（南粤先贤）	林子雄	2010 年 12 月	15.00
182.名镇赤坎	张健人、黄继烨	2010 年 12 月	15.00
183.陈子壮（南粤先贤）	胡巧利	2011 年 2 月	15.00
184.刘永福（南粤先贤）	江铁军	2011 年 2 月	15.00
185.包拯（南粤先贤）	李　玮	2011 年 7 月	15.00
186.张弼士（南粤先贤）	徐松荣	2011 年 7 月	15.00
187.邓世昌（南粤先贤）	林　干	2011 年 7 月	15.00
188.潮州八景	张　伟	2011 年 10 月	15.00
189.话说长洲	龙莆尧	2011 年 10 月	15.00

（续表）

书 名	作 者	出版时间	定 价
190.广州越秀古街巷（第四集）	广州市越秀区文联	2011 年 12 月	15.00
191.冯子材（南粤先贤）	吴建华	2011 年 12 月	15.00
192.张维屏（南粤先贤）	黄国声	2012 年 2 月	15.00
193.杨孚（南粤先贤）	陈碧涵	2012 年 3 月	15.00
194.佛山祖庙	关 宏	2012 年 3 月	15.00
195.林风眠	林爱芳	2012 年 5 月	15.00
196.朱执信（南粤先贤）	张 苹	2012 年 7 月	15.00
197.羊城旧语	黄小娅	2012 年 10 月	15.00
198.丘濬（南粤先贤）	吴建华 傅里淮	2012 年 10 月	15.00
199.广州越秀古街巷（第五集）	广州市越秀区文联	2012 年 11 月	15.00
200.陈启沅（南粤先贤）	吴建新	2012 年 11 月	15.00
201.驻粤八旗	汪宗猷 李筱文	2013 年 1 月	15.00
202.文天祥（南粤先贤）	袁钟仁	2013 年 1 月	15.00
203.洪仁玕（南粤先贤）	张 苹	2013 年 4 月	18.00
204.陈文玉（南粤先贤）	陈志坚	2013 年 4 月	18.00
205.容闳（南粤先贤）	陈汉才	2013 年 8 月	20.00
206.宋代沉船"南海 I 号"	曾宪勇	2013 年 9 月	20.00
207.客家山歌剧	罗锐曾	2013 年 10 月	18.00
208.岭南文化概说	陈泽泓	2013 年 10 月	20.00
209.丹霞山	侯荣丰	2013 年 11 月	20.00
210.岭南篆刻	黎向群	2013 年 11 月	20.00
211.广东汉乐	李 英	2014 年 8 月	20.00
212.苏曼殊	董上德	2014 年 12 月	20.00
213.广州海珠史话	罗国雄	2015 年 6 月	20.00
214.黄君璧	鲁大铮	2015 年 9 月	20.00
215.羊城谈旧录	黄国声	2015 年 12 月	20.00

（续表）

书　名	作　者	出版时间	定　价
216.蒲风	严立平	2015 年 12 月	20.00
217.广州海上丝绸之路	袁钟仁	2016 年 2 月	20.00
218.江璜	张荣芳	2016 年 8 月	20.00
219.邹伯奇	王　维	2016 年 8 月	20.00
220.梁培基	李以庄	2016 年 12 月	20.00
221.岭南饮食随谈	周松芳	2017 年 12 月	20.00
222.广州历史地理拾零	卓稚雄	2018 年 1 月	20.00
223.吴子复	翁泽文	2018 年 9 月	20.00
224.海派粤菜与海外粤菜	周松芳	2020 年 4 月	20.00
225.赵少昂	王　坚	2020 年 6 月	20.00
226.岭南品艺录	吴　瑾	2021 年 3 月	25.00
227.粤菜	王　亮	2021 年 12 月	25.00

注：以上已出书目，书名、定价及出版时间以出版实物为准。